COMO MUDAR TUDO

NAOMI KLEIN
com REBECCA STEFOFF

COMO MUDAR TUDO

Um guia para jovens que querem proteger o planeta e uns aos outros

Tradução de Isabela Sampaio

Rocco

Título Original
HOW TO CHANGE EVERYTHING
The Young Human's Guide to Protecting the Planet and Each Other

Copyright texto © 2021 *by* Naomi Klein
Website: naomiklein.org

Todos os direitos reservados incluindo o
de reprodução no todo ou em parte sob qualquer forma.

Direitos para a língua portuguesa reservados
com exclusividade para o Brasil à
EDITORA ROCCO LTDA.
Rua Evaristo da Veiga, 65 – 11º andar
Passeio Corporate – Torre 1
20031-040 – Rio de Janeiro – RJ
Tel.: (21) 3525-2000 – Fax: (21) 3525-2001
rocco@rocco.com.br
www.rocco.com.br

Printed in Brazil/Impresso no Brasil

CIP-Brasil. Catalogação na publicação.
Sindicato Nacional dos Editores de Livros, RJ.

K72c

Klein, Naomi
 Como mudar tudo: um guia para jovens que querem proteger o planeta e uns aos outros / Naomi Klein, Rebecca Stefoff ; tradução Isabela Sampaio. – 1. ed. – Rio de Janeiro : Rocco, 2022.

 Tradução de: How to change everything: the young human's guide to protecting the planet and each other
 ISBN 978-65-5532-227-9
 ISBN 978-65-5595-113-4 (e-book)

 1. Movimento ecológico. 2. Jovens – Atitudes. 3. Ambientalismo. I. Stefoff, Rebecca. II. Sampaio, Isabela. III. Título.

22-76090

CDD: 363.73874
CDU: 502.12

Meri Gleice Rodrigues de Souza – Bibliotecária – CRB-7/6439

O texto deste livro obedece às normas do
Acordo Ortográfico da Língua Portuguesa.

Dedicado ao querido Teo Surasky
(2002 – 2020)
— N. K.

SUMÁRIO

INTRODUÇÃO
No recife......... 9

Parte Um
ONDE ESTAMOS

CAPÍTULO 1   Os jovens entram em ação 21
CAPÍTULO 2   Os aquecedores do mundo 37
CAPÍTULO 3   Clima e justiça 66

Parte Dois
COMO CHEGAMOS AQUI

CAPÍTULO 4   Queimando o passado,
preparando o futuro 115
CAPÍTULO 5   A batalha ganha forma 134
CAPÍTULO 6   Protegendo seus lares – e o planeta.... 169

Parte Três

O QUE VIRÁ A SEGUIR

CAPÍTULO 7   Mudando o futuro.................. 201
CAPÍTULO 8   Um New Deal Verde 238
CAPÍTULO 9   Ferramentas para jovens ativistas 264

CONCLUSÃO

Você é o terceiro fogo 291

POSFÁCIO

Aprendendo com a pandemia do coronavírus 295
Uma solução natural para o desastre climático ... 302

Descubra mais........................... 305
Notas................................... 308
Créditos das fotografias..................... 317
Agradecimentos 318

INTRODUÇÃO
No recife

Quando criança, passei muito tempo debaixo d'água. Meu pai me ensinou a mergulhar quando eu tinha uns seis ou sete anos, e essas são algumas das minhas lembranças mais felizes. Eu era uma criança tímida e muitas vezes me sentia envergonhada. O único lugar em que nunca me senti assim, em que sempre tive uma sensação de liberdade, foi na água. Conhecer a vida submarina tão de perto sempre me deixou maravilhada.

Assim que nadamos até um recife, no primeiro momento, a maioria dos peixes foge. No entanto, se ficarmos por ali durante alguns minutos, respirando calmamente pelo snorkel, logo nos tornamos parte da paisagem marítima. Eles virão nadando até nossa máscara ou mordiscarão de leve nosso braço. Para mim, esses momentos sempre proporcionaram uma incrível sensação de paz e fantasia.

Assim, quando fui para a Austrália a trabalho, anos mais tarde, decidi tentar proporcionar ao meu filho de quatro anos, Toma, o tipo de experiência submarina que eu amava na infância. Queria mostrar a ele que, embora a superfície do mar possa parecer banal, é possível ver todo um mundo novo e colorido quando olhamos sob ela.

Toma tinha acabado de aprender a nadar, e nós estávamos prestes a embarcar em minha primeira visita à Grande Barreira de Corais, a maior estrutura composta de criaturas vivas da Terra — com trilhões de minúsculos corais. O momento parecia perfeito.

Fomos até o recife com uma equipe de filmagem e um grupo de cientistas que estudava o local. Eu não sabia se Toma chegaria a se concentrar nos corais, mas ele teve um lampejo de fascinação. Ele "viu o Nemo". Viu um pepino-do-mar. Acho que viu até uma tartaruga marinha.

Naquela noite, quando o coloquei para dormir em nosso quarto de hotel, eu disse: "Hoje foi o dia em que você descobriu que existe um mundo secreto no fundo do mar." Ele ergueu os olhos, e a felicidade genuína em seu rosto me disse que tinha entendido. Ele respondeu: "Eu vi." Senti uma mistura de alegria e desgosto, porque sabia que, bem quando ele começava a descobrir a beleza do mundo, ela estava se esvaindo.

Sabe, a Grande Barreira de Corais foi o lugar mais deslumbrante que eu já tinha visto. Era uma profusão de vida por toda parte. Tartarugas marinhas e tubarões passavam nadando por peixes e corais de cores brilhantes. Mas o recife também foi a coisa mais assustadora que eu já tinha visto, porque grandes partes dele — as partes que não mostrei a Toma — estavam mortas ou morrendo.

Essas partes do recife eram um cemitério. Como jornalista cobrindo mudanças climáticas e meio ambiente, entre outros assuntos, eu tinha ido visitar o local para escrever sobre ele. Sabia o que estava acontecendo.

Um fenômeno de destruição de recifes de corais chamado branqueamento em massa pôs a Grande Barreira de Corais em perigo. O branqueamento ocorre em momentos de alta temperatura das águas. Os corais vivos tornam-se pálidos e muito brancos. Eles podem voltar ao normal se as temperaturas logo retornarem a níveis mais baixos. Na primavera de 2016, porém, os termômetros permaneceram elevados durante muitos meses. Um quarto do recife tinha morrido e se transformado em uma gosma marrom em decomposição. Pelo menos outra metade também tinha sido afetada até certo ponto.

As águas do Oceano Pacífico não precisaram esquentar muito para que essa matança ocorresse na Grande Barreira de Corais. A temperatura do oceano subiu apenas 1°C além dos níveis que esses corais são capazes de suportar. As partes mortas ou semimortas que eu vi do recife foram o resultado.

Os corais não são os únicos afetados por branqueamentos como o que eu vi. Muitas espécies de peixes e outras criaturas dependem dos recifes para se alimentar ou habitar. O alimento e o sustento de bilhões de pessoas, ou mais, no mundo inteiro vêm dos peixes que dependem dos recifes de corais. Quando os recifes morrem, as perdas se espalham. Infelizmente, mais recifes estão morrendo. Isso acontece porque as temperaturas estão subindo por toda parte, não só na Grande Barreira de Corais, e essas temperaturas elevadas estão modificando nosso mundo. Este livro trata dessa mudança. Trata do motivo pelo qual as temperaturas estão

O vibrante mundo submarino de um recife de corais saudável (na página anterior).

Os corais branqueados pela água aquecida morrem se a água não resfria. E, uma vez que o recife morre, toda a cadeia de vida que depende dele acaba entrando em colapso (acima).

subindo, de como esse aumento está alterando o clima e prejudicando o planeta que todos nós compartilhamos e, acima de tudo: o que podemos fazer a respeito.

O que podemos fazer vai muito além de nossos esforços individuais para reduzir a poluição que está mudando o clima. Precisamos mesmo agir contra as mudanças climáticas para protegermos a natureza e o planeta que sustenta todas as formas de vida, mas podemos fazer ainda mais.

Existem muitas coisas injustas quando se trata de mudanças climáticas. Uma delas é como têm roubado um planeta puro e saudável de pessoas jovens como meu filho, Toma. E de você.

Também é injusto que as mudanças climáticas afetem as pessoas de modo desigual. Comunidades mais pobres e de minorias costumam sofrer mais com os efeitos do que outras. Portanto, este livro também fala de justiça, equidade. De como nossa resposta às mudanças climáticas pode ajudar a criar um mundo não só menos poluído, mas também mais justo para todos nós, que o compartilhamos.

Você e sua geração, e as gerações que ainda estão por vir, não fizeram nada para criar essa crise, mas viverão com os piores efeitos dela — a menos que a gente mude a situação.

Escrevi este livro para mostrar a você que essa mudança para melhor é possível. Aí, quando estava finalizando o trabalho, o mundo se viu diante de uma crise repentina e inesperada. Uma nova doença contagiosa, conhecida como novo coronavírus, deu as caras.

No início de 2020, a doença se espalhou até se tornar uma pandemia, algo que afetou pessoas de quase todos os países. Os índices de infectados e mortos eram tragicamente altos. Milhões de pessoas tiveram que mudar seus estilos de vida, ficando em casa e evitando encontrar outras pessoas, para reduzir a disseminação do vírus. Em muitos países, escolas fecharam as portas, forçando as crianças a entrarem em uma nova rotina de aulas em casa, enquanto sentiam falta dos amigos.

No final deste livro, você saberá o que acredito que podemos aprender com essa experiência global compartilhada. Mas, ao ler os capítulos a seguir, lembre-se de que a pandemia do coronavírus não deteve as mudanças climáticas — nem o movimento para manter o fenômeno sob controle.

Este movimento está em curso no momento. Seu objetivo é combater as mudanças climáticas e, ao mesmo tempo, possibilitar um futuro justo e habitável para *todos*. Isso se chama justiça climática. E os jovens não são apenas parte do movimento. Eles estão à frente. Você quer ser um deles?

Espero que este livro te ajude a responder a essa pergunta. O objetivo é lhe oferecer informações e muito mais: inspirações, ideias e ferramentas para agir.

Em primeiro lugar, veremos algumas das medidas que jovens como você estão tomando contra as mudanças climáticas e a favor da justiça social, incluindo a justiça racial, econômica e de gênero. Depois, nos aprofundaremos no que aprendemos sobre a situação climática atual e como chegamos até aqui. Então, você poderá ajudar a decidir o que virá a seguir. Você não estará sozinho. Nestas páginas, conhecerá alguns dos jovens ativistas de todas as partes do mundo que estão trabalhando para proteger nosso planeta *e* conquistar a justiça climática.

Pode ser assustador olhar de perto a realidade das mudanças climáticas, mas não deixe que os fatos tirem seu entusiasmo. Lembre-se de que são apenas parte da história. O resto da história — a parte que tem inspirado centenas de milhares de jovens como você pelo mundo inteiro — é que temos escolhas. Os grandes levantes contra o racismo e em defesa da ação climática nos mostram que milhões de pessoas têm sede de mudança. Podemos construir um futuro melhor, se estivermos dispostos a mudar tudo.

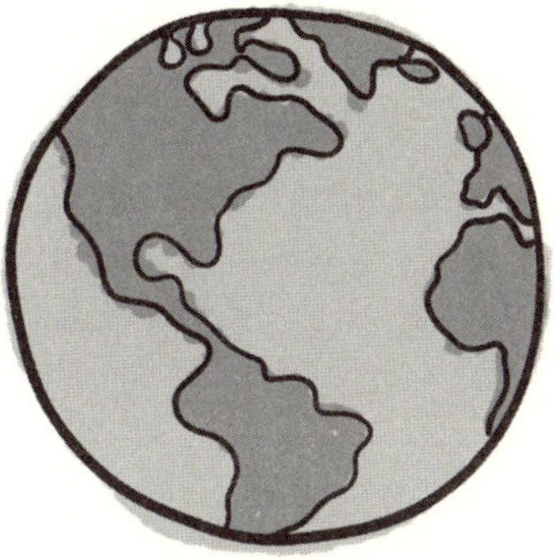

Parte Um
ONDE ESTAMOS

CAPÍTULO 1

Os jovens entram em ação

Eles saíam das escolas feito uma correnteza, borbulhando de animação. Pequenos filetes fluíam de ruas secundárias para grandes avenidas, onde se misturavam com outras correntes de crianças e adolescentes. Cantando, conversando e vestindo roupas de todos os tipos (de uniformes escolares impecáveis a calças legging com estampas de leopardo), os jovens formavam rios afluentes em dezenas de cidades no mundo inteiro. Eles marchavam em grupos de centenas, milhares e dezenas de milhares.

Será que os empresários olharam da janela de seus escritórios para as ruas lá embaixo e se perguntaram o que tantos jovens faziam fora da escola? Será que as pessoas fazendo compras ficaram intrigadas com a empolgação crescente nas ruas? As placas que os manifestantes carregavam respondiam a essas perguntas:

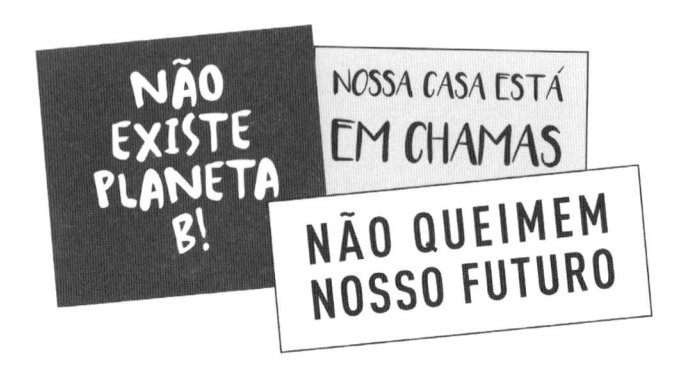

> **NÃO EXISTE PLANETA B!**
>
> **NOSSA CASA ESTÁ EM CHAMAS**
>
> **NÃO QUEIMEM NOSSO FUTURO**

Entre os dez mil jovens manifestantes da cidade de Nova York, havia uma garota que erguia uma pintura com abelhas, flores e animais da selva. A arte era exuberante, mas os dizeres eram duros: 45% DOS INSETOS FORAM MORTOS PELAS MUDANÇAS CLIMÁTICAS. 60% DOS ANIMAIS DESAPARECERAM NOS ÚLTIMOS CINQUENTA ANOS. No centro, ela havia pintado uma ampulheta quase sem areia.

Esse dia, em março de 2019, marcou a primeira Greve das Escolas pelo Clima no mundo.

ESTUDANTES EM GREVE

Os organizadores da primeira greve das escolas estimam que, naquele dia, houve quase 2.100 greves contra as mudanças climáticas em 125 países, com a presença de mais de um milhão e meio de jovens. A maioria deles havia faltado aula — alguns com permissão, outros sem — por uma hora ou por um dia inteiro.

Muitos foram às ruas porque reconheceram um conflito profundo no que estavam aprendendo sobre o mundo. Os livros didáticos e os documentários mostravam a eles geleiras milenares, recifes de corais deslumbrantes e outros seres vivos que constituem as muitas maravilhas de nosso planeta. Mas, quase que ao mesmo tempo, eles estavam descobrindo que boa parte dessas maravilhas já havia desaparecido graças às mudanças climáticas. Muito mais acabaria da mesma forma se esperassem até a idade adulta para fazer alguma coisa.

Quando aprenderam sobre as mudanças climáticas, esses jovens se convenceram de que as coisas não poderiam seguir naquele rumo. Portanto, assim como muitos grupos que, antes deles, haviam lutado para transformar o mundo, eles deram início aos protestos.

Mas muitos desses jovens entraram em greve não só para evitar perdas futuras, mas também porque já estavam *vivendo* crises climáticas. Na Cidade do Cabo, África do Sul, centenas de adolescentes clamavam aos políticos eleitos que parassem de aprovar novos projetos que contribuiriam para o aquecimento de nosso planeta. No ano anterior, a metrópole chegara desesperadoramente perto do desabastecimento de água, após anos de chuvas escassas e períodos de seca severa que provavelmente foram causados — ou ao menos agravados — pelas mudanças climáticas.

Em Vanuatu, uma nação insular do Pacífico, os jovens exclamavam: "Eleve sua voz, não o nível do mar!" Suas vizinhas no Pacífico, as Ilhas Salomão, já tinham perdido cinco ilhotas para o mar, que está subindo à medida que as temperaturas mais altas fazem com que a água se expanda e as geleiras e mantos de gelo derretam.

"Vocês venderam nosso futuro só pelo lucro!", bradavam os estudantes em Delhi, na Índia, por trás de máscaras cirúrgicas brancas. A cidade costuma ter um dos piores índices de poluição do mundo, em parte porque a Índia utiliza, como maior fonte de energia, o carvão, combustível poluente. Mas a poluição que forma uma neblina visível no ar não é o único problema desse combustível. Sua queima também libera na atmosfera substâncias invisíveis chamadas gases do efeito estufa. E, como os estudantes que se manifestavam sabiam, e como você verá em breve, esses gases são o motivo das mudanças no clima do nosso planeta.

Esperança, determinação e um globo que quicava pela multidão dominaram o ambiente na ocupação das ruas de Sydney, Austrália, pelos jovens durante a primeira Greve das Escolas pelo Clima.

Esse dia marcou a primeira greve climática mundial — e ela foi criada e liderada por crianças e adolescentes. Com essa primeira greve escolar e todas as que vieram a seguir, os jovens do mundo inteiro estão exigindo o direito de ter voz sobre o futuro do mundo em que vivem.

"Nós merecemos mais"

Cento e cinquenta mil jovens saíram às ruas da Austrália durante a primeira Greve das Escolas pelo Clima. Eles sabiam que as mudanças climáticas já estavam causando estragos em seu país. Um dos efeitos, como vimos no início deste livro, é que o aquecimento das águas do oceano está matando a Grande Barreira de Corais, um tesouro natural da Austrália e do mundo.

Mesmo assim, a Austrália permanece sendo uma grande produtora e exportadora de carvão. E o carvão, quando queimado como combustível de usinas elétricas e em outros usos, produz os gases do efeito estufa que elevam as temperaturas do planeta. Nosrat Fareha, de quinze anos, uma organizadora da greve australiana, disse aos políticos do país: "Vocês falharam terrivelmente com todos nós. Nós merecemos mais. Nós, jovens, não podemos nem votar, mas teremos que viver com as consequências da omissão de vocês." Assim como outras crianças e adolescentes de outras cidades, Fareha não tinha

> medo de expor a verdade nua e crua diante dos poderosos. Essa coragem é uma das forças do movimento jovem por mudanças.

UMA ESTUDANTE NA SUÉCIA

A Greve das Escolas pelo Clima, de março de 2019, mostrou ao mundo um amplo e crescente movimento jovem. Ele teve início sobretudo graças a uma garota de quinze anos de Estocolmo, na Suécia.

Greta Thunberg começou a estudar sobre as mudanças climáticas aos oito anos. Viu documentários sobre o derretimento de geleiras e a extinção de espécies. Aprendeu que a queima de combustíveis fósseis, como o carvão, o petróleo e o gás natural, emite — ou libera — na atmosfera gases do efeito estufa, que contribuem para as mudanças climáticas. Usinas elétricas, chaminés domésticas e industriais, carros e aviões levam ainda mais gases para o ar.

Como Greta descobriu, as dietas à base de carne também aumentam os gases do efeito estufa. Isso se dá porque a criação de animais, especialmente a de gado, envolve a derrubada de grandes áreas florestais para a abertura de pastos. Esse desmatamento elimina árvores, que absorvem o perigoso gás do efeito estufa, conhecido como dióxido de carbono, e o tiram da atmosfera. Além disso, o gado e seu estrume geram metano, outro gás do efeito estufa.

Conforme Greta foi crescendo e aprendendo mais, ela se voltou para as previsões científicas a respeito da situação da Terra em 2040, 2060 e 2080 caso nós, seres humanos, não fizermos mudanças. Ela pensou no que isso significaria para a própria vida — os desastres que precisaria suportar; os animais e as plantas que desapareceriam para sempre; as dificuldades que o futuro reservaria para seus filhos, se decidisse ser mãe.

Mas ela também descobriu que as piores previsões dos cientistas do clima não eram definitivas. Se tomarmos medidas ousadas agora, os seres humanos podem aumentar drasticamente as chances de um futuro seguro. Ainda podemos salvar algumas geleiras. Podemos proteger muitas nações insulares de serem engolidas pelo mar. É possível evitar grandes quebras de safra e um calor insuportável que levaria milhões ou até mesmo bilhões de pessoas a fugirem de casa.

Por que, Greta se perguntou, ninguém falava sobre a *prevenção* de desastres climáticos? Por que países como o dela não lideravam uma frente em prol da redução drástica dos gases do efeito estufa? O mundo estava em chamas, mas, para onde quer que Greta olhasse, as pessoas levavam suas vidas normalmente, comprando novos carros e novas roupas de que não precisavam, como se não houvesse nada de errado.

Por volta dos onze anos, Greta caiu em uma depressão profunda. Um dos motivos pelos quais ela não conseguia superar a crise é que Greta foi diagnosticada com uma forma de autismo que a faz se concentrar intensamente nos assuntos de seu interesse. Assim, quando voltou sua atenção ultrafocada para o colapso climático, ela viu e sentiu por completo o que a crise significava. Ela não conseguia pensar em outra coisa. O medo e a tristeza pelo planeta a dominaram. A depressão é algo complexo, e havia outros fatores também. Mas, para Greta, era impossível compreender por que aqueles com poder não faziam quase nada a respeito da crise das mudanças climáticas. Será que eles também não sentiam medo e revolta?

Para vencer a depressão, foi muito importante descobrir maneiras de preencher a lacuna insustentável entre o que ela havia aprendido sobre as causas da crise climática e como ela e sua família viviam. Ela convenceu os pais a pararem de comer carne e de viajarem de avião. A principal mudança para ela, porém, foi encontrar uma forma de dizer ao restante do mundo que era hora de parar de fingir que estava tudo bem. Se ela queria que os políticos poderosos tratassem a luta contra as mudanças climáticas como uma emergência, chegou à conclusão de que sua vida também precisava expressar esse estado de emergência.

Assim, em agosto de 2018, Greta não foi para a escola quando as aulas começaram. Em vez disso, ela seguiu rumo ao Parlamento sueco e sentou-se no lado de fora com um cartaz feito à mão que dizia GREVE DAS ESCOLAS PELO CLIMA. Ela passava todas as sextas-feiras no local, com seu casaco antigo e o cabelo castanho-claro preso em tranças. Essa simples ação foi o início do movimento Fridays for Future, ou "Sextas-Feiras pelo Futuro".

Greta Thunberg, uma solitária estudante sueca, deu início a um movimento que alcançaria todas as partes do mundo.

As manifestações públicas podem ser uma forma poderosa de dar um recado, mas elas nem sempre mudam as coisas da noite para o dia. De início, as pessoas ignoraram Greta enquanto ela ficava sentada com seu cartaz. Pouco a pouco, porém, seu protesto ganhou espaço nos noticiários. Isso chamou a atenção das pessoas que compreendiam o que estava tentando comunicar, que concordavam com ela e que também queriam se posicionar. Outros estudantes e alguns adultos começaram a surgir com cartazes também. Logo Greta passou a ser chamada para falar em comícios sobre o clima, depois em conferências climáticas das Nações Unidas e aos líderes da União Europeia, do Parlamento britânico e mais.

Greta já disse que as pessoas diagnosticadas com seu tipo de autismo "não são muito boas em mentir". Ela se expressa através de verdades curtas e mordazes. "Vocês estão falhando conosco", disse aos líderes mundiais e aos diplomatas presentes na ONU, em setembro de 2019. "Mas os jovens estão começando a entender essa traição. Os olhos de todas as gerações futuras estão voltados para vocês. E, se escolherem falhar conosco, eu prometo, nós nunca vamos perdoá-los. Não deixaremos que escapem impunes. Vamos definir os limites, aqui e agora. O mundo está despertando. E a mudança está a caminho, gostem ou não."

Mesmo que os discursos de Greta não tenham resultado em medidas drásticas por parte dos líderes mundiais, suas palavras eletrizaram muita gente. As pessoas compartilharam vídeos dela nas redes sociais. Comentaram que ela as havia inspirado a encarar seus próprios medos em relação ao futuro do clima e a partir para a ação. De repente, crianças do mundo inteiro passaram a seguir os passos de Greta. Elas organizaram suas próprias greves estudantis. Muitas delas ergueram cartazes com os dizeres da jovem sueca: QUERO QUE VOCÊS ENTREM EM PÂNICO. NOSSA CASA ESTÁ EM CHAMAS.

Em dezembro de 2019, a revista *Time* escolheu Greta como a "Pessoa do Ano" mais jovem de todos os tempos, graças a seu ativismo sobre a crise climática. No entanto, Greta dá crédito a outros jovens ativistas que serviram de inspiração para *ela* — estudantes de Parkland, na

Flórida. Depois de dezessete pessoas terem sido assassinadas na escola deles em fevereiro de 2018, os alunos lideraram uma onda nacional de greves a favor do controle de armas. Ao seguir o exemplo desse grupo, Greta ajudou a levar o movimento jovem contra as mudanças climáticas aos holofotes do mundo inteiro, e, seguindo seu exemplo, milhares de crianças e adolescentes como você se comprometeram em deter o perigoso avanço das mudanças climáticas.

O superpoder de Greta

Viver com o autismo não é fácil. Para a maioria das pessoas, diz Greta, é "uma luta sem fim contra as escolas, os ambientes de trabalho e os *bullies*. Mas, nas circunstâncias certas, com os ajustes certos, ele *pode ser* um superpoder".

E é por isso que Greta dá crédito ao autismo por sua visão nítida do problema e por seu poder de falar sobre o assunto com clareza. "Se as emissões têm que parar, então precisamos parar as emissões", diz ela. "Para mim, é preto no branco. Não existe meio-termo quando se trata de sobrevivência. Ou a civilização continua existindo ou não. Precisamos mudar."

Informar-se sobre as transformações no clima pode provocar tristeza, raiva ou medo. Mas Greta descobriu que agir e manifestar-se publicamente poderia ser útil para lidar com esses sentimentos —

> e, ao pôr isso em prática, tornou-se uma rocha em que muitas outras pessoas querem se apoiar. Assim como o pequeno grão de areia dentro da ostra faz com que uma pérola se forme em torno dele, o pequeno protesto de Greta ajudou a criar algo lindo e poderoso.

UMA AÇÃO JUDICIAL PELOS DIREITOS DAS CRIANÇAS

Os jovens não estão levando o movimento climático apenas para as ruas. Estão levando também aos tribunais. Será que podem usar o direito internacional para combater as mudanças climáticas? Dezesseis jovens de doze países em cinco continentes vão descobrir.

Em setembro de 2019, esses ativistas do clima, cujas idades variavam entre oito e dezessete anos, apresentaram uma queixa oficial à ONU com base em um tratado internacional conhecido como Convenção sobre os Direitos da Criança. Esse tratado entrou em vigor em 1989 para proteger os direitos das crianças nos países signatários. O texto diz, entre outras coisas, que toda criança tem o "direito à vida" e que os governos "devem assegurar ao máximo a sobrevivência e o desenvolvimento das crianças".

A denúncia traz Argentina, Brasil, França, Alemanha e Turquia à baila. Entre os países signatários do tratado da ONU, esses cinco produzem as maiores quantidades de gases do efeito estufa. (Os Estados Unidos e a China causam emissões maiores, mas os Estados Unidos não assinaram a Convenção sobre os Direitos da Criança, e a China não assinou a parte que permitia que o país fosse processado.)

Os dezesseis jovens que registraram a denúncia afirmam que, ao não fazerem o suficiente para controlar ou se preparar para as mudanças climáticas, os cinco países deixaram de cumprir seu dever de proteger o direito das crianças à vida e à saúde. É a primeira ação judicial sobre o clima feita em nome das crianças de todo o mundo na ONU.

O passo seguinte envolverá um comitê de especialistas em direitos humanos que analisará a denúncia. O processo pode durar muitos anos. Se o comitê concordar com as crianças, fará recomendações aos cinco países sobre como podem cumprir as obrigações do tratado. Embora o comitê não tenha o poder de forçar os países a seguir essas diretrizes, os signatários do tratado, de fato, se comprometeram a cumpri-lo.

Os dezesseis jovens ativistas são: Greta Thunberg e Ellen-Anne, da Suécia; Chiara Sacchi, da Argentina; Catarina Lorenzo, do Brasil; Iris Duquesne, da França; Raina Ivanova, da Alemanha; Ridhima Pandey, da Índia; David Ackley III, Ranton Anjain e Litokne Kabua, das Ilhas Marshall; Deborah Adegbile, da Nigéria; Carlos Manuel, de Palau; Ayakha Melithafa, da África do Sul; Raslen Jbeili, da Tunísia; e Carl Smith e Alexandria Villaseñor, dos Estados Unidos.

Catarina Lorenzo, do Brasil, em setembro de 2019, falando sobre a denúncia feita na ONU por dezesseis jovens que acusaram diversos países de não agirem contra as mudanças climáticas. Carlos Manuel, de Palau (à esquerda), e David Ackley III, das Ilhas Marshall (à direita) também estavam entre eles.

David, Ranton, Litokne e Carlos sentem na pele que a necessidade de medidas contra as mudanças climáticas é urgente. Eles vivem nas nações insulares das Ilhas Marshall e de Palau, no Pacífico. São cercados por recifes moribundos, mares em elevação e tempestades cada vez mais violentas. A mensagem deles para o mundo é: mesmo que as pessoas não vejam as mudanças climáticas em ação em seus próprios países ou cidades, elas *estão* acontecendo neste exato momento e afetarão a todos nós em breve.

"As mudanças climáticas estão afetando o modo como eu vivo", disse Litokne na ação. "Minha casa, a terra e os animais se foram."

Carlos, de Palau, afirmou: "Quero que os países maiores saibam que nós, das pequenas nações insulares, somos os mais vulneráveis aos efeitos das mudanças climáticas. Pouco a pouco, nossos lares estão sendo engolidos pelo oceano."

Não importa o que o comitê dos especialistas em direitos humanos decida a respeito desse processo, jovens como você já mostraram que são defensores ferozes e determinados da Terra. Outros jovens seguiram seus passos e entraram com processos semelhantes relacionados ao clima no mundo inteiro.

Agora que vimos um pouco do que os jovens estão fazendo para chamar a atenção para a crise climática, você pode estar se perguntando o que os instigou a agir em escala tão ampla. Os próximos capítulos lhe darão uma visão mais detalhada da crise climática e suas causas. Veremos o que tem feito tantas crianças e adolescentes se dedicarem a mudar o mundo para melhor.

CAPÍTULO 2

Os aquecedores do mundo

Na véspera do Natal de 2019, a Antártica ganhou um presente indesejado — um novo recorde. O continente glacial bateu o recorde de maior derretimento de gelo em um só dia. Gelo tornou-se água em 15% da superfície da Antártica. Mas não havia sido apenas um dia quente.

Em dezembro, o continente está no verão, a temporada do degelo, já que as estações no hemisfério sul e no hemisfério norte são opostas. Mas, mesmo no verão, nunca uma quantidade tão grande de gelo havia derretido tão depressa. No final de dezembro, o nível de degelo da estação havia sido 230% maior do que a média do mês. Por quê? Um cientista disse que o continente estivera "muito mais quente do que o padrão" durante toda a temporada.

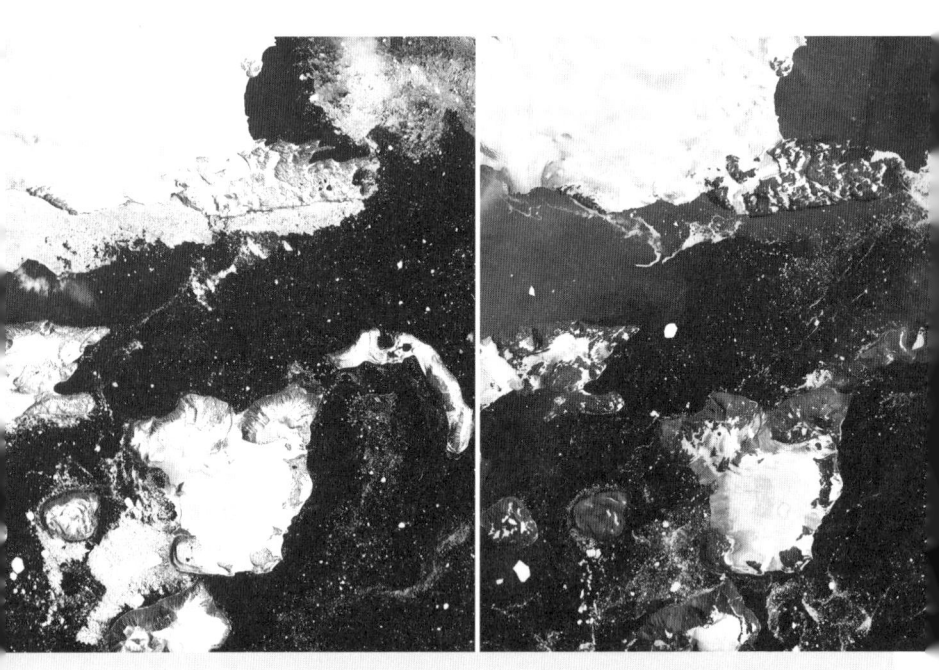

Fotos tiradas em um intervalo de apenas nove dias, em fevereiro de 2020, mostram a quantidade de gelo que derreteu na ponta da Península Antártica após recordes de altas temperaturas.

Ao mesmo tempo, no extremo norte, onde é inverno em dezembro, Moscou, na Rússia, teve um problema diferente, mas relacionado: nenhuma neve.

Há séculos, Moscou é conhecida por seus invernos. Em geral, são extremamente frios, e a neve costuma cair antes do fim do ano. No entanto, em dezembro de 2019, as temperaturas estavam mais altas do que o normal.

Os jardins floresciam. As crianças usavam as pistas de patinação no gelo para partidas de futebol, porque não havia gelo para a prática do hóquei. As autoridades municipais tiveram que transportar toneladas de neve falsa para um evento de *snowboard* no dia de ano-novo.

E, enquanto a neve falsa se acumulava em Moscou, um calor fora do comum resultava em tragédia climática a meio mundo de distância. No último dia de 2019, milhares de pessoas no sudeste da Austrália fugiram em direção às praias para escapar das chamas que devastavam suas casas e comunidades.

Embora o verão no hemisfério sul estivesse apenas no início, a Austrália já estava à mercê de outra terrível onda de calor. Depois de três anos de níveis pluviométricos muito abaixo do normal, grandes áreas enfrentaram uma estiagem terrível. Árvores e plantas ficaram completamente secas, prontas para pegar fogo. E foi o que aconteceu. Pequenos incêndios — que tinham início quando um raio atingia uma árvore seca ou quando as pessoas acendiam fogueiras, queimavam o lixo ou descartavam guimbas de cigarros — logo atingiram proporções muito maiores e avançaram a toda velocidade em meio às áreas de vegetação seca. Mas as plantas não foram as únicas que queimaram. Como acontece em muitos incêndios florestais em todo o mundo, casas, empresas e outras estruturas construídas pelo ser humano também foram destruídas ou danificadas.

Talvez os enormes incêndios não devessem ter sido surpreendentes. Pouco menos de um ano antes, a Austrália havia começado o ano de 2019 com a maior onda de calor de todos os tempos. Em alguns lugares, as temperaturas alcançaram mais de 40ºC por mais de quarenta dias seguidos. Naquele momento, os incêndios também haviam causado estragos. Eles destruíram grandes extensões de floresta ancestral no estado australiano da Tasmânia, que na ocasião teve o mês de janeiro mais seco de que se tinha registro.

No fim de 2019, ao menos nove pessoas perderam a vida nos incêndios na Austrália. Mais de novecentas casas haviam sido destruídas, e mais de 4,45 milhões de hectares de terra foram queimados. Fumaça e cinzas dominaram o ar, escurecendo o céu mesmo com o sol a pino. Tragicamente, cerca de meio bilhão de animais morreram em decorrência dos incêndios, incluindo milhares de coalas, um dos símbolos do país. É possível que muitas espécies raras tenham sido levadas à extinção. (A situação pioraria durante a temporada de incêndios do ano seguinte. Ao final de março de 2020, 34 pessoas morreram, mais de 3.500 lares foram destruídos, mais de 18,62 milhões de hectares foram queimados e três bilhões de animais foram mortos, feridos ou deslocados.)

Em todo o mundo, 2019 foi um ano de muitos recordes e desastres relacionados ao clima.

Na Ásia, o maior número de todos os tempos de ciclones — tempestades tropicais de alta intensidade —

devastou países próximos ao Oceano Índico. Nos Estados Unidos, enchentes tomaram grandes áreas no centro do país, destruindo plantações e expulsando pessoas de suas casas.

Por toda a Europa e o Alasca, novos recordes de temperatura foram estabelecidos. Julho de 2019 foi o mês mais quente da Terra desde que as pessoas começaram a fazer esse registro. Em setembro, a superfície de gelo que cobria o Oceano Ártico havia (pelo menos) milhares de anos encolheu a ponto de tornar-se a segunda menor área já registrada.

Quase um ano depois, a Sibéria — região tradicionalmente fria no nordeste da Rússia — estava sufocante. Em junho de 2020, os termômetros chegaram a 38ºC na remota cidade de Verkhoiansk. Essa foi a temperatura mais alta já registrada no Ártico. Em partes da Sibéria, fazia mais calor do que na Flórida, alarmando cientistas do mundo inteiro — além de alimentar centenas de incêndios intensos.

O que todos esses eventos têm em comum? O calor.

CALOR E CONDIÇÕES CLIMÁTICAS EXTREMAS

Inundações e secas, ondas de calor e tempestades de inverno extremamente frias — como o calor pode ter efeitos tão diferentes? As ondas de calor são fáceis de compreender. Conforme as temperaturas sobem, é mais provável que tenhamos dias e noites mais quentes, em especial durante o verão ou em lugares em que é mais comum fazer calor. As noites quentes têm ainda mais importância. Quando as temperaturas deixam de cair de modo significativo à noite, as ondas de calor seguem crescendo sem parar.

Mas o calor também afeta o clima ao mudar a relação entre a superfície da Terra e a atmosfera. Conforme o ar esquenta, ele retém mais vapor d'água. No solo, o ar aquecido retira mais água da terra por meio de um processo chamado evaporação, no qual o líquido se torna vapor — ou seja, gás. A água sai das plantas através da transpiração, um processo semelhante. Durante uma estiagem, o aumento da evaporação e da transpiração faz tudo piorar, ressecando o solo e a vegetação. A vegetação excessivamente seca, por sua vez, corre um risco maior de pegar fogo em um incêndio florestal.

O acréscimo de vapor d'água na atmosfera também intensifica outros tipos de clima. Com a umidade a mais, quando chove ou neva, é provável que a precipitação seja mais intensa do que o normal, provocando inundações ou tempestades de neve severas.

O ar mais quente absorve a umidade da água e da terra. À medida que a atmosfera acima dos oceanos se aquece, fica também mais úmida. Um dos resultados de um ar mais quente e úmido acima dos oceanos, além de aquecer a água, é fazer com que as tempestades oceânicas, tais como furacões, ciclones e tufões, sejam mais potentes e destrutivas.

O aumento do calor também muda o comportamento das correntes de jato. Essas quatro correntes de ar de fluxo rápido — uma em cada região polar e uma em cada lado do Equador — ocorrem onde o ar polar frio encontra o ar tropical quente. Elas, em geral, movimentam os sistemas meteorológicos de todo o planeta de oeste a leste, mas também podem girar ou avolumar-se a sul ou a norte de seus trajetos normais. A região gelada do Ártico está esquentando muito mais rápido do que outras partes do mundo, o que provavelmente está enfraquecendo a corrente de jato polar ao norte, tornando-a mais ondulada. E, conforme essa corrente de jato polar gira em direção ao sul, traz ar polar gelado e invernos rigorosos com ela. Isso ajuda a explicar por que um planeta que está ficando, em média, mais quente ainda é capaz de ter eventos de frio extremo em alguns lugares.

E nosso planeta está mesmo ficando mais quente. Às vezes, chamamos o fenômeno de aquecimento global, mas "mudanças climáticas" é um termo mais útil. Isso porque nem todas as partes do mundo estão esquentando o tempo inteiro. O aumento da temperatura de nosso planeta é uma média geral.

Ondas de calor e tempestades sempre aconteceram, assim como ciclones, enchentes e incêndios florestais. Agora, porém, sabemos que o clima mais quente está alimentando condições extremas (como as secas) e intempéries (como as megatempestades). As mudanças

Um tornado deixou um rastro de destruição em Joplin, Missouri, em maio de 2011. Com as mudanças climáticas, é provável que esses desastres naturais extremos se tornem mais frequentes e mais severos.

climáticas aumentam as chances de ocorrência de eventos naturais fatais e destrutivos.

Mas não se trata apenas de novos recordes meteorológicos ou dos números em um termômetro. O aquecimento do planeta também traz muitas mudanças mais discretas e traiçoeiras para plantas, animais, oceanos e outros. Neste capítulo, veremos o que os cientistas descobriram sobre o aumento da temperatura e as mudanças que isso causa. Eles ainda estão tentando entender por completo essas grandes e pequenas mudanças, mas sabemos com certeza que elas afetarão a existência de todos nós, além de todas as formas de vida que dividem o planeta conosco.

A isso, damos o nome de perturbação climática — mudanças climáticas que interrompem ou acabam com o funcionamento das coisas ao redor do mundo. Ela traz novas condições que podem ser altamente destrutivas. A boa notícia é que sabemos o que tem causado as mudanças climáticas. E, como temos esse conhecimento, também sabemos o que podemos fazer para desacelerá-las ou impedi-las.

A TERRA HOJE EM DIA

Você e outros jovens de hoje têm algo em comum, não importa o lugar do mundo em que vivam. À medida que crescem, vocês estão vendo perturbações climáticas acontecerem e se agravarem.

Durante o século XX, a temperatura nas superfícies marítimas e terrestres do mundo era, em média, de 13,9°C. No início de 2020, a Administração Oceânica e Atmosférica Nacional (NOAA, na sigla em inglês) dos Estados Unidos relatou que a temperatura média global em 2019 havia sido 0,95°C mais quente do que isso. Na verdade, 2019 foi o segundo ano mais quente de que se tem registro na Terra, perdendo apenas para 2016. O século XXI tem batido muitos recordes de calor. Nove dos dez anos mais quentes aconteceram a partir de 2005, cinco deles após 2015.

Talvez você nem perceba se a temperatura subir menos de um grau em uma tarde de verão. Então, se esse foi todo o aquecimento da Terra em 2019, será que tem tanto problema assim?

Tem.

Para aumentar a temperatura média anual da superfície da Terra, mesmo que apenas um pouquinho, é necessária uma enorme quantidade de calor, porque o oceano é capaz de armazenar muita energia térmica antes que ela afete a temperatura da superfície. É por isso que um pequeno aumento na temperatura média representa um grande aumento no calor armazenado. "Esse calor a mais", diz a NOAA, "está deixando as temperaturas regionais e sazonais extremas, reduzindo a camada de neve e de gelo marinho, intensificando as fortes chuvas e alterando as extensões de hábitat de plantas e animais — expandindo alguns e reduzindo outros."

A Groelândia, por exemplo, é uma ilha enorme entre os oceanos Atlântico e Ártico. A maior parte de seu território é coberta por uma espessa camada de gelo. Em um período de cinco dias, no verão de 2019, o manto de gelo da Groelândia perdeu 55 bilhões de toneladas de água. O gelo derreteu e escorreu para o oceano. Era o suficiente para cobrir o estado da Flórida com uma faixa de água de 12 centímetros de profundidade! Os cientistas não esperavam um derretimento de gelo desse nível na Groelândia antes de 2070. Uma pequena mudança na temperatura pode trazer grandes consequências.

Essas são as mudanças e as perturbações climáticas em ação. Mais do que isso — é um chamado à *ação climática*.

AS MUDANÇAS CLIMÁTICAS ANTES DOS SERES HUMANOS — E AGORA

As mudanças climáticas são nosso maior desafio, mas não são novidade. O clima da Terra já mudou muitas vezes. Há cerca de 20 mil anos, por exemplo, boa parte do hemisfério norte era coberta por camadas de gelo. É o que chamamos de Era do Gelo, mas essa foi apenas a mais recente era do gelo do mais recente período geológico.

Ao longo dos últimos 2 milhões de anos, geleiras se formaram nas extremidades do planeta, depois derreteram, avançando e recuando repetidas vezes. Como essas vastas geleiras retinham grande parte da água da Terra na forma de gelo, o nível do mar chegou a cair 125 metros no ápice do período, então subiu novamente conforme o gelo derretia.

Antes disso, na época dos dinossauros, a Terra era muito mais quente do que é hoje. De 145,5 a 65,5 milhões de anos atrás, havia pouco gelo. Os fósseis mostram que plantas e animais de clima quente se davam bem nas regiões polares. E muitos cientistas acreditam que, ainda mais cedo, antes de cerca de 635 milhões de anos atrás, nosso planeta tenha passado por diversos períodos de "Terra Bola de Neve" (*Snowball Earth*) ou, ao menos, "Terra Bola de Neve Derretida" (*Slushball Earth*), quando ficou coberta de gelo e neve, embora próximo ao Equador possam ter permanecido áreas de mar aberto.

A paleoclimatologia — ciência que trata dos climas pré-históricos — estuda a história de mudanças climáticas que já aconteceram na Terra. Os especialistas da área dizem que a maioria dessas mudanças foi causada por pequenas alterações na órbita da Terra. Esses movimentos modificaram a forma com que a energia solar era distribuída pela superfície do planeta. Algumas mudanças climáticas passadas, porém, podem ter sido causadas por grandes eventos naturais aqui na Terra, tais como eras de erupções vulcânicas generalizadas que duraram milhares ou até mesmo milhões de anos. Além de criar algumas das camadas de rocha e lava do mundo moderno, essas erupções encheram a atmosfera de gases e partículas, o que também reduziu a quantidade de energia térmica na superfície do planeta.

Se as mudanças climáticas fazem parte da história de nosso planeta, o que torna o aumento de temperatura atual uma emergência?

A diferença, desta vez, somos *nós*.

A civilização humana desabrochou após o fim da última Era do Gelo. Tudo a respeito de nossas vidas se baseia nas condições que nossa espécie conhece há mais ou menos 12 mil anos. Essas condições estão mudando rapidamente. Acompanhá-las será o maior desafio que nossa civilização já enfrentou.

Mas a principal diferença entre a crise climática de hoje e as mudanças climáticas que aconteceram no passado é que *nós* estamos causando a atual. Os pesquisadores da Administração Nacional da Aeronáutica e Espaço (NASA) relatam que grande parte ou a totalidade da tendência de aquecimento que vemos hoje é causada pelo homem. "É extremamente provável (mais de 95% de probabilidade) que boa parte disso seja resultado da atividade humana desde meados do século XX."

Nossas ações — a queima de combustíveis fósseis, mas também a derrubada de florestas e a criação excessiva de animais para consumo — estão transformando a atmosfera de uma maneira e a uma velocidade fora do curso natural. As atividades que praticamos estão levando mais gases de efeito estufa para a atmosfera.

Uma estufa é uma estrutura que prende e retém o calor, de modo que as pessoas possam cultivar flores ou frutas dentro dela mesmo quando a temperatura externa está muito baixa. Os gases do efeito estufa funcionam da mesma maneira, mas em uma escala global.

Boa parte da energia térmica que chega à Terra vinda do sol é refletida pelo planeta e volta ao espaço. No entanto, certos gases na atmosfera retêm parte desse calor perto da superfície do planeta. Quando esses gases se acumulam, mais calor é retido e as temperaturas sobem. O aumento das temperaturas, por sua vez, leva a secas, tempestades, incêndios florestais, derretimentos e outras características da crise climática atual.

Nosso estilo de vida moderno constantemente emite gases do efeito estufa que retêm calor. Isso significa que estamos aquecendo o planeta de um jeito que a Terra nunca tinha visto antes.

No capítulo 4, você descobrirá mais sobre a relação entre a atividade humana, o uso de energia, os gases do efeito estufa e o clima. Mas, em primeiro lugar, você merece saber quem corre mais riscos se continuarmos seguindo no caminho atual. Você verá, então, por que este momento de perigo é também o momento de uma grande oportunidade.

A má notícia é que nós somos os responsáveis pelas mudanças climáticas. A boa notícia é que podemos fazer algo a respeito. Já temos o conhecimento, as ferramentas e as tecnologias necessárias para fazer coisas incríveis.

PREVENDO O FUTURO DO CLIMA

Os cientistas sabem que algumas perturbações climáticas vão acontecer, não importa o que façamos, porque o aquecimento que já começou não vai parar da noite para o dia. No entanto, também sabemos que, se não agirmos, as mudanças climáticas serão muito piores. Portanto, os cientistas do clima têm trabalhado constantemente para criar maneiras de medir nosso efeito sobre o clima e prever, ou projetar, como será o clima no futuro, para nos ajudar a definir *como* minimizar o aquecimento.

Os climatologistas se baseiam em duas coisas: dados e ferramentas. Os dados são montanhas de informações. Ao longo de muitos anos, mediram-se temperaturas, velocidades e direções dos ventos, quantidade de chuvas, níveis de sal nos oceanos, tamanho das geleiras e muito mais. As ferramentas são programas de computador chamados de modelos, desenvolvidos para imitar o complexo sistema climático do nosso planeta. Os pesquisadores testam um modelo fazendo com que ele reproduza mudanças anteriores no clima e, então, comparam os resultados com o registro histórico. Em seguida, fazem previsões sobre o futuro, para nos mostrar quais mudanças podemos esperar de modificações específicas no sistema climático.

Ao mudar os dados que entram em um modelo, os cientistas podem responder a perguntas do tipo "e se?". E se os seres humanos começassem a reduzir as emissões de gases do efeito estufa? E se começassem a emitir mais? Qual é o papel das nuvens em determinada previsão? E se a quantidade de fumaça de incêndios florestais crescesse a cada ano?

A criação de modelos é desafiadora porque o sistema climático é muito complexo. Existem muitos programas feitos para isso, e eles funcionam de várias maneiras diferentes. Além disso, nem todos os pesquisadores utilizam os mesmos conjuntos de dados nesses programas. É por isso que as projeções do futuro do clima diferem. As projeções também mudam quando os cientistas reúnem novos dados ou criam modelos mais modernos e precisos. Quando as pesquisas mostraram que os oceanos estão esquentando mais depressa do que o esperado, por exemplo, ou que o gelo da Groelândia está derretendo mais rápido, essas informações mudaram muitas projeções climáticas.

Dois outros fatores que podem impactar as projeções sobre o clima são os pontos de inflexão e os ciclos de feedback.

Pontos de inflexão:

O clima não muda em uma linha estável e constante. Algo que vinha se transformando lentamente pode, sem mais nem menos, mudar depressa. Isso pode acontecer quando as condições chegam ao que chamamos de ponto de inflexão.

Imagine-se inclinando para o lado de forma lenta e estável. A certa altura, você simplesmente cairá. Você atingiu o ponto de inflexão. O restante de seu movimento lateral será rápido e talvez catastrófico. Uma vez que se atinge o ponto de queda, não é possível se reerguer para a posição vertical.

O mesmo processo pode acontecer com as mudanças climáticas. Em 2014, por exemplo, os cientistas da NASA e da Universidade da Califórnia, em Irvine, deram uma notícia preocupante. Eles vinham estudando o Manto de Gelo da Antártica Ocidental, parte da imensa camada de gelo que cobre o continente do Polo Sul. Em uma área do tamanho da França, disseram eles, o derretimento das geleiras agora "parece incontrolável". O que antes havia sido um lento fluxo de derretimento em direção ao mar estava significativamente acelerado, porque a água, no ponto em que as geleiras encontram o mar, está ficando mais quente, derretendo-as por baixo.

Segundo os pesquisadores, pode ser que tenhamos chegado a um ponto de inflexão que talvez marque o fim do Manto de Gelo da Antártica Ocidental. Se o derretimento prosseguir, como eles preveem, o nível do mar acabará se elevando em cerca de 3 a 5 metros. "Um evento desse tipo provocará o deslocamento de milhões de pessoas no mundo inteiro", afirmou um dos cientistas.

Embora seja perigoso chegar a um ponto de inflexão desse tipo, ainda pode levar séculos até que aquela camada de gelo desmorone por completo. Por mais que não possamos evitar inteiramente o desastre, temos tempo para atrasá-lo. A única maneira de fazer isso é reduzir o ritmo no qual as camadas de gelo estão derretendo e se movendo, o que significa desacelerar o aquecimento do planeta. E a única maneira de fazer *isso* é diminuir a emissão de gases do efeito estufa, que elevam as temperaturas e alimentam o aquecimento global.

Ciclos de feedback:

Outra complicação das projeções climáticas são os ciclos de feedback. Isso acontece quando um processo acelera ou desacelera outro processo, e então o segundo processo acelera ou desacelera o primeiro, e assim por diante.

O gelo marinho nos mostra um ciclo de feedback em ação. O gelo flutua nas águas do Oceano Ártico e nas bordas da Antártica. As altas temperaturas fazem com que parte dele derreta no verão. Ao derreter, uma superfície que antes era coberta por gelo branco passa, em vez disso, a ser coberta por água escura. O branco do gelo reflete o calor do sol para longe da superfície da Terra, mas a água escura absorve o calor. Assim, quando a tendência de aquecimento derrete parte do gelo, há menos gelo para refletir o calor e mais mar aberto para absorvê-lo. Isso aumenta a tendência de aquecimento, que passa a derreter o gelo mais depressa. Se nada interromper o ciclo, ele seguirá adiante até que não haja mais gelo no verão.

O feedback também acontece com o *permafrost* (ou pergelissolo), a camada de solo que permanece congelada sob a superfície o ano todo em lugares frios, tais como montanhas altas e regiões polares. No *permafrost*, há matéria de coisas que já tiveram vida, como plantas mortas e bactérias. Quando as temperaturas sobem o suficiente, o *permafrost* começa a descongelar, e essa matéria se decompõe. Isso libera metano e dióxido de carbono, dois gases do efeito estufa. Levar mais gases desse tipo à atmosfera acelera o aquecimento, que acelera o degelo... e outro

Camada Ativa

Permafrost

Área de gelo

O *permafrost* (acima) é um solo permanentemente congelado — até que as temperaturas subam e ele derreta. Uma seção do *permafrost* derreteu e terminou no mar (ao lado).

ciclo de feedback se desenvolve. Esses ciclos aumentam o desafio dos modelos climáticos, porque nem sempre é possível prevê-los.

Tudo isso significa que as mudanças climáticas constituem um campo de estudo dinâmico, e os cientistas precisam desenvolver continuamente ferramentas novas e mais precisas para reunir dados e modelar projeções. Esses pesquisadores são uma fonte vital de informações sobre o que acontecerá com nosso clima se não fizermos nada — e também sobre as mudanças possíveis que nos levarão a resultados melhores.

A TERRA AMANHÃ?

Os modelos climáticos dos cientistas podem produzir uma variedade de possibilidades para o futuro, mas muitas delas começam a partir do mesmo ponto no passado.

Esse ponto de partida é a temperatura média global no fim do século XIX — por volta de 1880. A partir daí, os cientistas medem a temperatura atual, e então projetam futuros aumentos de 1,5°C, 2°C e mais.

Por que esses números? Porque em 2016, quase duzentos países assinaram o Acordo de Paris, parte da Convenção-Quadro das Nações Unidas sobre Mudanças do Clima. O Acordo de Paris definiu uma meta de redução da emissão de gases do efeito estufa para evitar que a temperatura global aumente mais de 2°C em relação aos níveis pré-industriais, mas com esforços para manter o aumento abaixo de 1,5°C, um objetivo ainda melhor. Essas eram consideradas as metas mais baixas que tinham chance de ser alcançadas.

A diferença entre 1,5°C e 2°C pode parecer pequena, mas é muito importante. Em setembro de 2018, o Painel Intergovernamental sobre Mudanças Climáticas (uma grande equipe internacional criada pela ONU, em 1988, para fornecer ao mundo informações científicas sobre as mudanças climáticas causadas pelo ser humano) publicou um relatório que comparava os efeitos do aquecimento global de 1,5°C com os efeitos de 2°C. As diferenças são enormes.

Com um aquecimento de 2°C, a cada cinco anos, 1,7 bilhão de pessoas *a mais* correria o risco de ser atingido por intensas ondas de calor do que com um aquecimento de 1,5°C. O nível do mar subiria dez centímetros a mais. Portanto, por esses e outros motivos, 1,5°C de aquecimento é um objetivo muito melhor do que 2°C.

Como o mundo está se saindo no cumprimento dessa meta?

No momento em que este livro foi escrito, o mundo já havia esquentado 1°C desde o século XIX. A Organização Meteorológica Mundial, que monitora as temperaturas, projeta que ainda seguimos em um caminho que levará ao aquecimento mundial em 3°C a 5°C até o fim deste século. Como já vimos, 2019 foi o segundo ano mais quente de que se tem registro. Quando este livro estava sendo concluído, 2020 estava em vias de ficar entre os cinco primeiros.

Mas a temperatura não é a única maneira de medir as mudanças climáticas. Em novembro de 2019, um relatório da NOAA revelou que o nível global do mar havia subido entre 21 e 24 centímetros desde 1880. Durante a maior parte do século XX, o nível do mar se elevou a um índice de 1,4 milímetro por ano. De 2006 a 2015, porém, o oceano subiu em média 3,6 milímetros por ano. Isso significa que o nível dos oceanos está subindo em ritmo acelerado, assim como o aumento das temperaturas.

Por que 1880?
A linha de base para medir a mudança

A maioria dos países do mundo assinou o Acordo de Paris, que estabelece que todos tentarão limitar o aquecimento do planeta a 2°C acima dos níveis pré-industriais — ou, melhor ainda, a 1,5°C, se possível. Mas o que significa "níveis pré-industriais?"

O Acordo de Paris não define "pré-industrial" com precisão, mas, em termos gerais, essa expressão refere-se à "temperatura global antes da ascensão das indústrias modernas movidas a combustíveis fósseis". Como veremos no capítulo 4, essa ascensão teve início por volta de 1770, portanto, a linha de base ideal para medir as mudanças climáticas seria a temperatura do mundo naquela época.

Infelizmente, existem poucos registros confiáveis de medições de temperatura feitos antes de 1850. Os cientistas podem estimar as variações de temperatura anteriores a partir de evidências físicas, como anéis de crescimento em árvores e núcleos de gelo — longos tubos de gelo antigo cuidadosamente retirados através de perfurações em lugares como Groelândia e Antártica. Eles podem utilizar modelos de computador para estimar temperaturas passadas com base em fatores como a posição da Terra em relação ao sol e a quantidade de cinzas e outras partículas na atmosfera a partir de erupções vulcânicas. Mas, por razões práticas, a maioria dos modelos climáticos utiliza os anos entre 1850 e 1900 ou 1880 e 1900 como linha de base, porque foi o momento em que as pessoas começaram a manter registros confiáveis da temperatura global.

Uma certa quantidade de aquecimento no futuro já é inevitável, portanto, o mar não vai parar de subir por completo. No pior dos casos, se a emissão de gases do efeito estufa se mantiver no ritmo atual, o nível do mar no ano de 2100 pode ser até 2,5 metros mais alto do que em 2000. Isso inundaria grandes áreas costeiras de baixa altitude no mundo e devastaria dezenas de cidades importantes. Milhões ou talvez bilhões de pessoas se tornariam refugiadas por causa do clima e seriam forçadas a fugir para novas localidades em outras cidades ou até mesmo em outros países.

A menos que façamos algo a respeito.

A NOAA fez a projeção de que, caso os seres humanos reduzam ao máximo possível a emissão de gases do efeito estufa para desacelerar o aquecimento do planeta e o derretimento das calotas polares, é provável que o nível do mar no ano de 2100 aumente 30 centímetros em relação a 2000, em vez de 2,5 metros. É uma diferença enorme, e é por isso que jovens como Greta Thunberg sentem-se tão frustrados com o fato de os políticos não estarem fazendo o que é necessário para reduzir drasticamente o nível das mudanças climáticas.

No entanto, manter o aquecimento abaixo de 1,5°C será como girar um enorme navio. Os autores do estudo do Painel Intergovernamental sobre Mudanças Climáticas descobriram que isso significaria reduzir a emissão de dióxido de carbono quase pela metade até 2030, e zerar a emissão global até 2050. Não apenas em um país, mas em todas as grandes economias do planeta.

O que precisaríamos fazer para reduzir tanto essas emissões? O dióxido de carbono (CO_2) é o gás do efeito estufa que mais contribui para o aquecimento global. Ele é liberado quando queimamos madeira, carvão, petróleo e gás. O desmatamento, a condução de veículos, as viagens de avião e muitas atividades industriais — como a extração de energia de usinas que queimam combustíveis fósseis — liberam dióxido de carbono.

A quantidade de CO_2 na atmosfera já está muito distante dos níveis seguros, portanto, obedecer ao limite de 1,5°C de aquecimento significaria eliminar boa parte desse gás. Isso poderia ser feito por meio de uma tecnologia projetada para capturar e armazenar o dióxido de carbono, mas essa tecnologia tem limitações, como veremos no capítulo 7. Ou poderíamos agir de modo mais tradicional, plantando bilhões de árvores e outras plantas. Elas retiram o CO_2 da atmosfera e devolvem oxigênio. Ainda assim, nenhuma solução é o bastante por si só. O relatório do Painel Intergovernamental sobre Mudanças Climáticas informa que, para atingir nossas metas, precisamos fazer rápidas "mudanças em todos os aspectos da sociedade".

Precisamos decidir mudar imediatamente o modo como nossas sociedades produzem energia, como cultivamos alimentos, como nos locomovemos e como nossos prédios são construídos. Entre outras possibilidades, poderíamos substituir combustíveis fósseis por fontes de energia limpa e renovável, como a energia solar e a eólica, construir redes de trens elétricos rápidos que substituam em parte o transporte rodoviário e aéreo, e projetar casas e edifícios comerciais que exijam menos energia para aquecer e refrescar.

Mas também precisamos pensar em mudanças mais profundas. Poderíamos utilizar *menos* energia, em vez de simplesmente substituirmos a fonte. Poderíamos reduzir o número de quilômetros que as pessoas percorrem com automóveis ao melhorar os transportes públicos, ou até mesmo torná-los gratuitos. E, como cada produto que compramos representa um gasto de energia em cada etapa de produção e distribuição (mesmo os produtos "verdes"!), todos nós poderíamos decidir comprar menos e consumir menos.

É o maior desafio que nós, seres humanos, já enfrentamos. Estamos prontos?

Ainda dá tempo de alcançar a meta de 1,5ºC, mas apenas se agirmos agora.

NÃO É SÓ O CALOR

O aquecimento não é o único fator que estressa nosso planeta. Muitas outras atividades humanas estão transformando o mundo natural, rapidamente fazendo com que a natureza fique muito diferente dos lugares bonitos e exuberantes que todos já viram em documentários sobre florestas tropicais e oceanos.

A difícil verdade é que muitas formas de vida que coabitam nosso planeta estão em crise. Algumas delas estão perdendo seus lares porque a atividade humana ocupa os pântanos, acaba com as pradarias, polui a água com plásticos e produtos químicos e destrói os recifes onde vivem. Algumas criaturas são incapazes de se ajustar às mudanças de temperatura. Diversas espécies de pássaros não conseguem encontrar seus alimentos sazonais, por exemplo, porque as plantas passaram a florescer antes que eles retornem da migração. Outros animais são caçados até entrarem em extinção. E, como os seres humanos apenas começaram a explorar as profundezas do oceano, espécies inteiras serão perdidas antes mesmo de sabermos que elas existem.

Também temos derrubado árvores em um ritmo alarmante. Pessoas e corporações ceifam as árvores para obter combustível, fabricar papel e outros produtos, e abrir espaço para a pecuária ou a plantação de culturas comerciais, como o milho, a soja e o açúcar.

Grandes extensões de floresta na ilha de Bornéu, no Sudeste asiático, por exemplo, foram destruídas graças à demanda por óleo de palma, utilizado em diversos produtos, vitaminas, cosméticos e outros bens de consumo. O hábitat natural que um dia abrigou inúmeras plantas e espécies de animais foi substituído por fileiras de palmeiras com o objetivo de obter esse óleo. Em outros lugares, como em vastas áreas da Floresta Amazônica, as árvores são derrubadas ou deliberadamente incendiadas para dar lugar a pastagens de gado.

As mudanças climáticas agravam os efeitos dessas escolhas ruins. Por exemplo, as florestas que já estão sob a ameaça do desmatamento humano também estão morrendo mais rápido à medida que insetos destruidores de árvores migram para novos territórios, aquecidos graças às mudanças no clima. E, é claro, isso cria um ciclo de feedback de aquecimento, porque, quando as árvores morrem, param de extrair CO_2 da atmosfera. As árvores mortas também são mais secas do que as vivas e mais propensas a pegar fogo.

No entanto, nossas ações não afetam apenas o planeta, o meio ambiente e os outros seres vivos. Elas também nos prejudicam, e nem sempre de maneiras facilmente perceptíveis. Um exemplo é o efeito do dióxido de carbono em nossos alimentos.

Cientistas descobriram que, quando a quantidade de CO_2 na atmosfera aumenta, a qualidade nutricional dos alimentos diminui. Em alguns experimentos, os pesquisadores cercaram lotes de arroz e trigo cultivados ao ar livre com máquinas que geravam CO_2. Os grãos dessas plantas apresentaram níveis mais baixos do que o normal de proteína, ferro, zinco e algumas vitaminas do complexo B.

Se os gases do efeito estufa continuarem aumentando na atmosfera, nossas safras de alimentos podem se tornar menos nutritivas de modo geral, agravando os problemas de fome e doenças. Pior: se as mudanças climáticas seguirem o rumo atual, o calor e a seca também podem impossibilitar o cultivo em grandes áreas de produção de alimentos.

Todos nós podemos tomar medidas em nossa vida diária para desacelerar as mudanças climáticas e garantir que isso não aconteça. Poderíamos seguir o exemplo de Greta Thunberg e convencer nossa família a parar de comer carne e viajar de avião. Mesmo que sejam dois dias sem carne por semana, ou um voo a menos por ano, já é um começo. Mas, por mais que nossas escolhas individuais façam diferença, indivíduos não são capazes de realizar por conta própria as mudanças radicais de que precisamos. Se quisermos implementar essas mudanças, então governos, empresas e indústrias — incluindo as principais fontes de gases do efeito estufa — precisam fazer escolhas muito diferentes.

É esse o conhecimento que levou os jovens ativistas do clima às ruas. Por isso é tão importante que nos juntemos a eles e façamos com que nossas vozes sejam ouvidas, dizendo aos nossos líderes que nos importamos muito com o futuro e ajudando a criar um caminho melhor a seguir. Agora que já sabe o que os ativistas sabem, este livro lhe mostrará como você também pode participar.

Porque, ao nos manifestarmos juntos para dizer não ao aquecimento global, também dizemos sim a um mundo mais justo e igualitário.

CAPÍTULO 3

Clima e justiça

Nem todos sentem os efeitos das mudanças climáticas com a mesma intensidade. Vivemos em um mundo de injustiças raciais, econômicas e climáticas, em que algumas pessoas têm muito mais do que precisam e várias outras não têm nem perto do suficiente. Este capítulo lhe mostrará como essas injustiças tiveram início e como muitas vezes estão interligadas — além de ações que as pessoas têm tomado para acabar com elas.

FURACÃO KATRINA: UM DESASTRE NADA NATURAL
Eu fui à cidade de Nova Orleans, Louisiana, depois que a tempestade do furacão Katrina atingiu a costa norte-americana do Golfo do México, em agosto de 2005. Um

dia antes da chegada do Katrina em Louisiana, tratava-se de um furacão de Categoria 5, e era a tempestade mais intensa já medida no Golfo do México até aquele momento. Felizmente, ele perdeu força no dia seguinte. O Katrina atingiu a costa da Louisiana como um furacão de Categoria 3. Mesmo assim, devastou partes do litoral do estado com ventos, chuvas e marés altas, e provocou inundações em Nova Orleans, uma área metropolitana com população de 1,3 milhão de habitantes.

Algumas semanas mais tarde, fui a Nova Orleans com uma equipe para documentar como a cidade, ainda parcialmente alagada, estava lidando com os efeitos da tempestade. Todos tinham que deixar as ruas após as 18 horas, mas, perto do horário do toque de recolher, nós nos vimos andando em círculos, sem conseguir nos localizar. Os semáforos estavam apagados e metade das placas de trânsito haviam sido derrubadas ou invertidas pelo vento. A água e os escombros impossibilitavam o acesso a várias ruas.

Eventos como o furacão Katrina costumam ser chamados de desastres naturais porque envolvem algum fenômeno do mundo natural: uma tempestade, um terremoto, uma enchente. Mas, assim como as mudanças climáticas, não havia nada de natural no desastre que testemunhamos em Nova Orleans. Embora o Katrina tenha tido início como um furacão devastador, ele havia perdido muito de sua força no momento em que chegou à cidade. Jamais deveria ter sido devastador daquela maneira.

O furacão Katrina transformou Nova Orleans em uma pista de obstáculos com escombros e fios elétricos caídos.

O que deu errado? Mais uma vez, a resposta está nas decisões humanas.

Uma cidade enfraquecida:

Quando o Katrina chegou, as defesas de Nova Orleans contra as enchentes falharam. A cidade era cercada por uma série de diques que a separavam do rio Mississippi e de dois lagos extensos vizinhos. Os diques, que são grandes estruturas semelhantes a represas, deveriam proteger a cidade de enchentes em tempestades como a do Katrina. Mas, apesar de muitos avisos ao longo dos anos, os diques se deterioraram e as agências governamentais responsáveis deixaram que chegassem ao estado em que estavam. Por quê? Porque os bairros que corriam mais risco caso os diques não funcionassem eram aqueles que abrigavam pessoas negras e pobres, que tinham pouco poder político.

Assim, quando o Katrina chegou e as águas da enchente transbordaram pelos diques quebrados, a divisão acentuada entre os ricos e os pobres de Nova Orleans de repente estava estampada nos noticiários do mundo inteiro. Quem tinha dinheiro saiu da cidade, hospedou-se em hotéis e entrou em contato com as seguradoras de suas casas. Os 120 mil habitantes de Nova Orleans que não tinham carro dependiam do governo para resgatá-los da cidade inundada. Enquanto esperavam por uma ajuda que não chegava, eles faziam pedidos de socorro desesperados de cima de telhados e utilizavam portas de geladeiras como botes. Em inúmeros casos, não houve ajuda, e mais de mil pessoas perderam a vida.

As imagens do sofrimento na cidade chocaram o mundo. Muitas pessoas já haviam se acostumado ao fato de que, no país mais rico da Terra, o acesso à assistência médica e a boas escolas não era igualitário, mas a resposta a desastres deveria ser diferente. As pessoas partiram do princípio de que o governo — ao menos em um país rico — ajudaria a todos em meio a um desastre. Nova Orleans mostrou que não era bem assim. Os habitantes mais pobres da cidade, em sua grande maioria afro-americanos, foram largados à própria sorte.

As pessoas se ajudavam da melhor maneira possível. Faziam resgates com canoas e barcos a remo. Esvaziavam as próprias geladeiras e forneciam alimentos a quem precisava. E, quando a comida e a água chegaram ao fim, elas tiraram suprimentos das lojas. A mídia retratou esses cidadãos negros desesperados como "saqueadores", que logo invadiriam e perturbariam as partes secas da cidade, cuja população era, em sua maioria, composta por pessoas brancas. A polícia instalou postos de controle para manter os cidadãos negros na zona alagada. A certa altura, policiais atiraram em alguns residentes negros, mais tarde alegando falsamente que esses indivíduos desarmados haviam alvejado um oficial. Justiceiros brancos chegaram à cidade com armas, declarando com orgulho: "Se você saqueia, nós atiramos."

Eu vi em primeira mão como os policiais, os soldados e os seguranças particulares contratados ainda estavam sobressaltados quando cheguei por lá. Muitos deles vinham a Nova Orleans recém-saídos de zonas de guerra no Iraque e no Afeganistão. Pareciam ter recebido ordens de tratar os residentes da cidade como se fossem inimigos, não pessoas que precisavam da ajuda deles. Até mesmo os funcionários da Guarda Nacional, quando finalmente chegaram para resgatar as pessoas da cidade, muitas vezes se mostraram desnecessariamente agressivos. Eles apontavam metralhadoras para quem embarcava nos ônibus. Separavam muitas crianças de seus pais.

Os diques de Nova Orleans haviam sido negligenciados ao menos em parte porque muitos dos residentes que a estrutura deveria proteger eram pessoas pobres e não brancas. Mas a falha em manter os diques em bom estado também faz parte de um padrão mais amplo em todo o país. A infraestrutura da nação — isto é, estruturas públicas construídas e mantidas pelo governo, como estradas, pontes, sistemas hídricos e diques — estava sendo negligenciada. A negligência vinha da forma como o governo dos Estados Unidos havia passado a tratar sua responsabilidade para com a população.

"Encolher o governo":
Nem todos concordam a respeito de qual deveria ser o papel do governo ou o quanto ele deve interferir na vida dos cidadãos. Durante décadas, muitas das decisões políticas e econômicas do mundo foram definidas por três princípios interligados que visam reduzir a atuação do governo. Juntos, esses três princípios são, às vezes, chamados de neoliberalismo.

O primeiro princípio é a desregulamentação — que significa desfazer regras e regulamentos que limitam o que bancos e indústrias privadas podem fazer para lucrar. O segundo é a privatização, a venda para empresas com fins lucrativos dos serviços que antes eram pagos e operados pelo governo, incluindo escolas e rodovias. O terceiro princípio é a meta de reduzir os impostos, especialmente para empresas e pessoas ricas. Sem o dinheiro arrecadado com os impostos, os governos têm menos recursos para gastar em áreas como infraestrutura, o que é parte do motivo pelo qual os diques de Nova Orleans foram negligenciados.

Todos esses princípios baseiam-se na ideia de que as empresas deveriam ter o máximo de liberdade possível, para que possam crescer, vender mais produtos, obter mais lucros e gerar mais empregos. Eles também se baseiam na ideia de que o governo deveria ser gerido como se fosse um negócio, com menos envolvimento na garantia de que as necessidades básicas do povo sejam atendidas.

Muito antes do furacão Katrina, essa visão de "encolher o governo" batia de frente com a ideia do "bem público" — a crença de que existe valor em tomar medidas que apoiem e beneficiem a *todos* os membros da sociedade, mesmo que não haja lucro a ser obtido. A perspectiva de "encolher o governo" foi uma tentativa de desfazer a crença de que todos nós temos os mesmos direitos a uma vida digna, o que inclui coisas como parques, educação pública de qualidade e uma boa infraestrutura. O apoio do governo ao bem público perdeu força, o que ajuda a explicar por que os diques de Nova Orleans estavam tão perto do limite durante a chegada do furacão Katrina.

Mas a infraestrutura física não foi a única coisa que falhou graças a essa perspectiva. O mesmo aconteceu com os sistemas humanos de resposta a desastres.

Todos os níveis de governo dos Estados Unidos têm agências cuja função é ajudar as pessoas a saírem da zona de perigo quando um desastre se aproxima, além de fornecer abrigo, assistência médica e outros tipos de auxílio posterior. A Agência Federal de Gestão de Emergências (FEMA, na sigla em inglês) supervisiona esses esforços a nível nacional. Após o Katrina, a FEMA falhou de forma terrível com as pessoas que ficaram presas na enchente de Nova Orleans.

A agência levou cinco dias simplesmente para fornecer comida e água para as 23 mil pessoas que haviam se abrigado em um estádio esportivo chamado Superdome. Os relatos sobre as condições precárias dentro da estrutura chocaram o mundo. Um dos motivos para as falhas da FEMA em Nova Orleans foi que muitos funcionários da agência tinham pouca ou nenhuma experiência com gestão de desastres. Eles haviam sido nomeados para os cargos por conta de suas afiliações políticas. Além disso, como a ideia era administrar o governo como se fosse uma empresa, pessoas com anos de prática na agência foram substituídas por novatos com menos experiência e tempo de casa.

Outro motivo do fracasso da FEMA nessa ocasião foi a insuficiência de estoque de suprimentos de emergência. O mesmo aconteceu nos Estados Unidos inteiro em 2020, quando equipamentos de proteção individual eram necessários para combater a crise do coronavírus nos hospitais, e tudo que médicos e enfermeiros encontraram foram prateleiras vazias, mostrando as limitações tanto do governo federal em se preparar para uma emergência quanto as de um sistema de saúde e hospitalar que se baseia em obter a maior margem de lucro possível. Em um sistema desse tipo, um leito de hospital vazio ou um depósito de suprimentos bem abastecido é visto como um fracasso comercial, porque representa dinheiro que deixou de se ganhar ou dinheiro gasto. O leito e os suprimentos seriam preparativos apropriados para um desastre, mas, como o sistema vive sob a pressão de ganhar dinheiro em vez de gastá-lo, isso não é feito, e as pessoas sofrem quando um desastre ocorre.

Em 2005, na cidade de Nova Orleans, os líderes locais, como o prefeito, também contribuíram para esse problema ao atrasarem as ordens para que os cidadãos evacuassem a cidade e ao deixarem de providenciar alimento, água e suprimentos médicos nos abrigos emergenciais. O fracasso das autoridades locais e federais em dedicar fundos e esforços à preparação para cuidar do bem público no caso de uma intensa tempestade agravou ainda mais o problema.

Por algumas semanas, as ruas inundadas de Nova Orleans chamaram a atenção para essas políticas econômicas que fizeram do Katrina algo pior do que deveria ser — um desastre nada natural na sequência de um desastre climático. Mas, por mais que eu tenha ficado chocada com o que vi durante a enchente, o que aconteceu em seguida me chocou ainda mais.

OS POBRES SOFREM ANTES E SOFREM MAIS

Depois que o furacão Katrina inundou Nova Orleans, corporações e empresários aproveitaram a chance de tirar vantagem da tragédia.

As famílias haviam fugido ou sido retiradas de Nova Orleans e se espalharam por todas as partes do país. Um importante economista — que segue a linha de pensamento do "Estado mínimo" — classificou a dispersão dos estudantes da cidade como "uma oportunidade de fazer uma reforma radical no sistema educacional". Sua ideia de reforma era a privatização. Ele fez um apelo para que as escolas públicas fossem transformadas em particulares. Nesse caso, algumas das escolas poderiam deixar de ser gratuitas ou teriam padrões educacionais diferentes das escolas públicas.

Um congressista republicano do estado da Louisiana disse após o ocorrido: "Finalmente fizemos uma limpeza nos conjuntos habitacionais de Nova Orleans", e atribuiu a Deus os créditos pela destruição desses bairros pobres. Mas a devastação de algumas vizinhanças havia sido proposital, não causada pelo furacão. Nos meses seguintes à tempestade, com os residentes negros e pobres de Nova Orleans convenientemente fora do caminho, as autoridades não se mobilizaram para ajudar as pessoas a voltarem para suas casas. Em vez disso, milhares de casas populares onde os residentes desalojados viviam foram destruídas — mas nem sempre graças aos estragos da tempestade. Muitas dessas construções ficavam em terrenos elevados e haviam sido pouco atingidas pelo Katrina. Elas foram "limpas" não pela tempestade, mas por equipes de demolição. Condomínios de luxo e casas para a classe média foram construídas no lugar. Essas novas habitações eram caras demais para a maioria das pessoas que moravam nesses bairros antes da tempestade, mas encheram os bolsos dos promotores imobiliários que as construíram.

Com a cidade ainda abalada, planos desse tipo ganharam forma, saídos de uma lista de desejos das corporações. Essas ações foram supostamente pensadas para reconstruir a cidade. Mas, em vez de ajudar as pessoas que haviam sido prejudicadas pelo desastre, ou consertar a infraestrutura para protegê-las no futuro, as corporações impulsionaram mudanças que enfraqueceriam as leis trabalhistas, as regulamentações ambientais e as escolas públicas. O que elas fortaleceram? A indústria do gás e do petróleo, o mercado imobiliário e outros interesses comerciais. Isso ocorre porque as empresas e corporações existem sobretudo para obter lucro. Do ponto de vista empresarial, até mesmo um desastre pode se tornar uma oportunidade de ganhar dinheiro.

Essa abordagem de "recuperação" pós-Katrina trouxe mais exemplos de injustiça. Muitas das empresas privadas e das empreiteiras que se espalharam pela cidade visando lucrar com o desastre receberam pagamentos generosos do governo, mas prestaram serviços de baixa qualidade ou, às vezes, nem sequer fizeram nada. Isso foi possível porque quase não houve supervisão do governo para verificar como o dinheiro era gasto ou para onde ia. (Quando o governo encolhe sem parar, é isso que acontece.)

Uma empresa recebeu US$ 5,2 milhões para construir um acampamento-base para os profissionais de atendimento de emergência, uma tarefa de importância vital. Mas as obras do acampamento nunca foram concluídas. A empresa que havia sido contratada pelo governo era, no fim das contas, um grupo religioso. Seu diretor admitiu: "A coisa mais próxima que fiz disso foi apenas organizar um acampamento juvenil com minha igreja."

Após a tragédia, o governo poderia ter tomado medidas que ajudassem a reconstruir a cidade, além de ajudar a população local a pôr sua vida de volta nos eixos. Poderia ter exigido que seus empreiteiros contratassem mão de obra local com salários decentes. Mas não foi o que as autoridades fizeram. Em vez disso, os residentes só puderam observar enquanto as empreiteiras traziam trabalhadores mal remunerados, incluindo muitos imigrantes, para executar um serviço que gerou fortunas para essas empresas. Pior: com a conclusão do trabalho, muitos desses trabalhadores imigrantes tiveram que enfrentar a deportação do país.

As pessoas pobres de Nova Orleans já se encontravam em desvantagem social e econômica antes de o Katrina destruir suas casas, seus empregos e suas comunidades. Então, veio a tempestade e agravou ainda mais as circunstâncias dessa população. O tipo certo de ajuda durante a reconstrução e a assistência humanitária poderia ter feito algo para corrigir essas desigualdades. Em vez disso, aconteceu o oposto. Então, alguns meses após a tempestade, o Congresso decidiu cortar US$ 40 bilhões do orçamento federal para compensar os bilhões de dólares concedidos a empresas privadas na forma de contratos e incentivos fiscais. Quais foram os cortes do Congresso para economizar dinheiro? Empréstimos estudantis, vale-alimentação e assistência médica para os pobres, entre outros programas.

O fato de os cidadãos mais pobres do país pagarem mais de uma vez pelo favorecimento de grandes empreiteiras após o furacão Katrina é um grande exemplo de injustiça climática. O preço pago por eles já havia sido alto quando o desastre afetou mais suas comunidades do que outras partes da cidade. Depois, pagaram novamente quando o auxílio se transformou em financiamento para corporações. E, por fim, pagaram mais uma vez quando os poucos programas que ofereciam ajuda direta aos desempregados e aos trabalhadores pobres de todo o país foram derrubados para pagar por esse financiamento empresarial.

O Katrina mostrou que nosso sistema econômico atual enxerga os desastres e outros eventos extremos como se fossem guerras. Trata-se do "capitalismo de desastre" — quando os ricos e poderosos tiram vantagem de choques dolorosos para aumentar as desigualdades existentes, em vez de corrigi-las. Os ricos e poderosos veem essas tragédias como oportunidades de assumir o controle e mudar as coisas de modo a favorecer os bancos, a indústria e os políticos poderosos, não pessoas comuns.

Os desastres *são* oportunidades de mudança porque interrompem a vida normal. Em um estado de emergência, leis e práticas comuns podem ser suspensas. As pessoas se sentem desesperadas e confusas. Elas podem ficar tão preocupadas com a sobrevivência ou a recuperação que são incapazes de se concentrar em questões mais amplas sobre o que está sendo feito e quem está se beneficiando.

Na era das mudanças climáticas, à medida que os desastres naturais se tornam mais frequentes, esse padrão profundamente injusto continua a se repetir após tempestades, enchentes e incêndios. O padrão também pode ser visto com clareza em todos os danos causados pelas mudanças climáticas. É muito comum que os desfavorecidos — pobres, pessoas não brancas e povos indígenas — sejam aqueles que sofrem antes e sofrem mais.

É por isso que o movimento para deter as mudanças climáticas também deve ser um movimento por justiça social e econômica. E é por isso que devemos aprender a transformar desastres em oportunidades de trazer mudanças *positivas* para todos, não só para alguns. Devemos deixar de usar cada crise em benefício de interesses comerciais, que, muitas vezes, contribuem para agravar as mudanças climáticas, já que essa resposta aos desastres cria um perigoso ciclo de feedback. Em vez disso, nossos esforços e gastos governamentais deveriam ser direcionados ao auxílio das pessoas que foram prejudicadas, reacendendo a crença no bem público, antes tão poderosa.

"Por que não tentar ajudar?"

Aos 21 anos, Elizabeth Wanjiru Wathuti criou um movimento para ajudar a combater as mudanças climáticas e a injustiça econômica no Quênia, na África oriental. Para realizar o projeto, suas ferramentas são pás e árvores — e os jovens que ela inspira.

"Eu me importo muito com o meio ambiente porque tive a sorte de poder me conectar com a natureza quando era pequena e, desde sempre, ficava irritada com as injustiças ambientais toda vez que via algo assim acontecendo, como, por exemplo, pessoas derrubando árvores e poluindo nossos rios", disse ela ao grupo ambientalista Greenpeace. "Então pensei comigo mesma, por que não tentar ajudar outros jovens a serem mais conscientes em relação ao meio ambiente?"

Wathuti cresceu em uma região florestal do Quênia. Ela plantou uma árvore no local aos sete anos. Esse foi seu primeiro ato como ativista do clima, mas não seria o último. Ela se inspirou em outra queniana, Wangari Maathai (1940-2011), que lançou o Movimento do Cinturão Verde para ensinar às mulheres quenianas os benefícios da plantação de árvores para proteger o ambiente de suas casas, escolas e igrejas. O Movimento do Cinturão Verde inspirou movimentos semelhantes em outros países, e Maathai ajudou mulheres a plantar cerca de 20 milhões de árvores por toda a África. Ela acabou recebendo um Prêmio Nobel da Paz por esse trabalho. Hoje em dia, Wathuti dá continuidade à tradição do plantio de árvores, com foco em ajudar as crianças a se tornarem ativistas ambientais.

Em 2016, Wathuti fundou a Green Generation Initiative para ajudar as crianças a valorizar e a plantar árvores. Em três anos, a organização plantou mais de 30 mil árvores. Em 2019, Wathuti informou com alegria que mais de 99% dessas árvores haviam sobrevivido.

Com seu time de quarenta jovens voluntários, a Green Generation Initiative, de Wathuti, trabalhou com mais de 20 mil estudantes. Seu sucesso mostra o poder que crianças e adolescentes como você podem ter quando alguém lhes mostra um caminho para agir de forma positiva. Um gesto tão simples quanto plantar uma árvore pode se transformar em um movimento revolucionário.

"Eu imagino um mundo em que todos nós possamos viver em harmonia com a natureza, sem prejudicar o planeta", diz Wathuti. "Um mundo em que todos têm consciência de como deixarão o planeta para as gerações futuras, e um mundo em que as pessoas e o planeta vêm na frente do lucro."

NOVA ENERGIA PARA A CHEYENNE DO NORTE

Cinco anos depois de ver o impacto do Katrina em Nova Orleans, testemunhei uma resposta diferente à injustiça e às mudanças climáticas na Reserva Cheyenne do Norte, no sudeste de Montana. Quando visitei a reserva pela primeira vez, a comunidade vivia sob uma nuvem. A nuvem não era um problema meteorológico, mas um conflito relacionado ao carvão.

A ameaça do carvão:

As colinas dessa região são repletas de gado, cavalos e incríveis afloramentos rochosos de arenito — e, por baixo de muitas dessas colinas, encontra-se muito carvão. A indústria de mineração queria obter o carvão localizado sob a região da Reserva Cheyenne do Norte. A ideia era construir uma ferrovia que retirasse o carvão daquela área e o enviasse para a China e outras partes do mundo. Essa mina e ferrovia, porém, poderiam pôr em risco a segurança de uma fonte de água essencial, o rio Tongue. Além disso, a ferrovia provavelmente afetaria os cemitérios nativos dos Cheyenne.

A reserva vinha lutando contra as mineradoras desde o início dos anos 1970. Mas, em 2010, a região estava em um frenesi por combustíveis fósseis. Na época, quase metade da energia utilizada no país vinha da queima de carvão, e a indústria estava ávida por exportar o combustível para outros países. Em todo o mundo, esperava-se que a demanda por carvão fosse aumentar mais de 50% em apenas vinte anos.

Não estava claro por quanto tempo as vozes anticarvão na comunidade Cheyenne do Norte seriam capazes de conter essas empresas. As forças anticarvão haviam acabado de perder uma votação importante no State Land Board a respeito dessa nova mina. Ela deveria ser construída em Otter Creek, nos arredores da Reserva Cheyenne do Norte, e era a maior mina de carvão a ser planejada nos Estados Unidos.

Depois de perderem a votação em relação à mina, os ativistas voltaram as atenções para a campanha contra a ferrovia do rio Tongue. Sem a nova ferrovia, não haveria jeito de retirar o carvão — o que significava que não haveria sentido em construir uma nova mina. Os Cheyenne, porém, não se uniram contra a ferrovia. Parecia provável que ambas seguiriam em frente.

"Tem tanta coisa acontecendo que as pessoas não sabem contra o que lutar", Alexis Bonogofsky me contou. Na época, ela trabalhava junto à National Wildlife Federation, apoiando as tribos indígenas no uso de seus direitos legais para proteger a terra, o ar e a água. Ela trabalhou em estreita colaboração com os Cheyenne do Norte, que tinham uma rica história de uso da lei para proteger a terra.

Décadas antes, os Cheyenne do Norte haviam argumentado que seu direito de desfrutar de um estilo de vida tradicional — garantido por seu tratado com os Estados

Unidos — incluía o direito de respirar ar puro. A Agência de Proteção Ambiental federal (EPA, na sigla em inglês) concordou. Em 1977, deu à Reserva Cheyenne do Norte a mais alta designação de classe possível para a qualidade do ar. Isso permitiu que a tribo entrasse na justiça contra projetos poluentes que ameaçavam a pureza do ar. A tribo defendeu que a poluição de lugares tão distantes quanto Wyoming violava seus direitos do tratado, porque a poluição poderia chegar à reserva e possivelmente prejudicaria a qualidade do ar e da água.

Mas a mina em Otter Creek e a ferrovia do rio Tongue se mostravam mais difíceis de combater. A pressão vinha tanto de dentro da tribo quanto da indústria de mineração. Os Cheyenne do Norte haviam eleito fazia pouco tempo um ex-mineiro de carvão como presidente tribal. Ele estava determinado a abrir as terras da reserva para as empresas que desejassem extrair — ou remover — seus recursos.

Alguns outros membros da Cheyenne do Norte também foram seduzidos pelo projeto da mina. Ele representava o dinheiro de que a comunidade tanto precisava. O desemprego estava em alta. A pobreza e o uso de substâncias ilícitas estavam devastando a reserva. O desespero das pessoas fez com que elas se sentissem dispostas a ouvir quando as mineradoras se aproximaram e prometeram empregos e dinheiro para novos programas sociais.

"As pessoas dizem [...] se levarmos isso adiante, podemos ter boas escolas, um bom sistema de eliminação de resíduos", disse Charlene Alden, a incansável diretora do escritório de proteção ambiental da tribo. Estava ficando mais difícil encontrar vozes na comunidade dispostas a se manifestar contra a mineração de carvão. Ela temia que sacrificar a saúde das terras da tribo por dólares provenientes do carvão afastaria ainda mais os Cheyenne de sua cultura e suas tradições. No fim das contas, isso poderia resultar em mais depressão e uso de substâncias ilícitas, não menos.

"Na língua dos Cheyenne, a palavra que representa água é a mesma que se usa para vida", explicou Alden. "Nós sabemos que, se começarmos a mexer muito com carvão, ele vai destruir a vida."

E já tinha destruído. Muitas moradias da reserva haviam sido construídas com kits do governo nos anos 1940 e 1950. A vedação delas era terrível. Nos meses frios de inverno, as pessoas aumentavam o aquecimento em suas casas, mas o calor escapava por rachaduras nas paredes, janelas e portas. Em média, gastavam-se quatrocentos dólares mensais com a calefação, que vinha de dois combustíveis fósseis: carvão ou propano — um tipo de gás. Algumas pessoas, porém, pagavam mais de mil dólares por mês. Para piorar a situação, as fontes de energia dos combustíveis fósseis contribuíam para a crise climática que já estava atingindo a região, com longos períodos de seca e grandes incêndios florestais.

Assim, a única maneira de solucionar o impasse, acreditava Alden, era mostrar à geração seguinte de líderes Cheyenne um caminho diferente para acabar com a pobreza e a falta de esperança, um caminho que não lhes custasse a terra de seus ancestrais. Ela via muitas possibilidades. Uma delas envolvia calor e palha.

Uma organização sem fins lucrativos tinha ido à reserva alguns anos antes para construir algumas casas-modelo. Elas eram feitas com fardos de palha, um método antigo que mantém as construções aquecidas no inverno e frescas no verão. Alden contou que as famílias que moravam nessas casas pagavam "US$ 19 por mês, em vez de US$ 400" pelo aquecimento.

Mas por que a tribo precisava de estranhos para construírem casas com base no conhecimento indígena? Por que não treinar membros da tribo para projetá-las e montá-las, e financiar a obra em toda a reserva? Haveria um *boom* de construções sustentáveis, e construtores treinados poderiam, então, usar suas habilidades em outros lugares, para que mais casas pudessem ser construídas sem devastar a terra.

No entanto, um programa desse tipo exigiria dinheiro, algo que os Cheyenne do Norte não possuíam. As pessoas tinham esperança de que o presidente Barack Obama fosse aumentar os fundos para empregos verdes — ou sustentáveis — em comunidades carentes. Isso teria ajudado a combater tanto as mudanças climáticas quanto a pobreza, mas a maioria desses planos foi deixada de lado depois do início da crise econômica dos Estados Unidos, em 2008. Ainda assim, Alexis Bonogofsky e Charlene Alden queriam mostrar aos Cheyenne do Norte que eles tinham outras possibilidades além do carvão. Elas puseram as mãos à obra.

Um ano depois de minha primeira visita à reserva, Bonogofsky me ligou para dizer que ela e Alden haviam arrecadado algum dinheiro com a EPA e com a National Wildlife Federation. Elas pretendiam lançar um novo projeto muito animador: aquecedores movidos a energia solar. Se eu queria voltar a Montana para ver e contar às pessoas sobre isso?

Mas é claro.

A promessa da luz solar:

Meu retorno à reserva não poderia ter sido mais diferente da primeira visita, tanto em termos de clima quanto de astral. Era primavera. Pequenas flores silvestres amarelas e grama verdejante cobriam as colinas. Quinze pessoas haviam se reunido no gramado em frente a uma casa. Elas estavam ali para aprender como uma simples caixa feita basicamente de vidro escuro poderia capturar calor o suficiente para aquecer a casa inteira.

O professor era Henry Red Cloud, do povo Lakota. Ele havia construído sua primeira turbina eólica, uma máquina que captura a energia do vento para gerar eletricidade, a partir de peças de um caminhão enferrujado. Mais tarde, ganhou prêmios por trazer energia solar e eólica para a Reserva Pine Ridge, na Dakota do Sul.

Agora, ele tinha vindo à reserva para ensinar aos jovens Cheyenne do Norte como instalar aquecedores solares em suas casas. Cada equipamento valia dois mil dólares, mas seriam instalados de graça por conta dos fundos que Bonogofsky e Alden haviam arrecadado. Os aparelhos reduziriam os custos de aquecimento dos lares da reserva pela metade.

Red Cloud intercalou suas lições técnicas sobre os aquecedores solares com reflexões a respeito de como "a energia solar sempre fez parte da vida dos nativos. […] Está ligada à nossa cultura, às nossas cerimônias, à nossa linguagem, às nossas músicas". Ele mostrou aos alunos como utilizar uma ferramenta chamada *Solar Pathfinder* para descobrir onde o sol batera em cada lado da casa durante todos os dias do ano, porque as caixas solares precisam de pelo menos seis horas diárias de luz solar para funcionar bem. No caso de algumas casas que ficavam perto demais de árvores ou montanhas para o uso das caixas, Red Cloud concluiu que poderiam utilizar painéis solares nos telhados ou outra fonte de energia renovável.

Uma das últimas casas a adquirirem um aquecedor solar localizava-se em uma rua movimentada no centro de Lame Deer, uma cidadezinha no meio da reserva. Conforme os alunos de Red Cloud mediam, furavam e martelavam, passaram a atrair uma multidão. As crianças se reuniram para acompanhar a atividade. Mulheres mais velhas perguntaram o que estava acontecendo. "Metade do custo de energia elétrica?", perguntaram. "Como eu faço para ter um?"

Henry Red Cloud (no meio) e seus guerreiros solares instalam painéis solares, um passo na direção do uso de energia verde e renovável — e da justiça ambiental.

Red Cloud sorriu. É assim que ele constrói uma revolução solar nas terras indígenas — não dizendo às pessoas o que elas devem fazer, mas mostrando-lhes o que *podem* fazer. Muitos desses primeiros alunos fizeram mais treinamentos com Red Cloud. Outros juntaram-se a eles. Red Cloud os ensinava, em suas palavras, a não serem apenas técnicos, mas também "guerreiros solares", lutando por um modo de vida que se baseie na gratidão e no respeito pela Terra.

Nos meses e anos seguintes, a luta contra a mina em Otter Creek e a ferrovia de carvão no rio Tongue foi recuperada. E, de repente, não havia mais problema em encontrar Cheyennes dispostos a protestar. Eles exigiram reuniões com autoridades governamentais e fizeram discursos fervorosos em audiências públicas. Os guerreiros solares de Red Cloud estavam na linha de frente, vestindo camisetas vermelhas do movimento "Beyond Coal" [Além do carvão].

Vanessa Braided Hair era uma das melhores alunas de Red Cloud e também uma bombeira voluntária. No verão de 2012, ela combateu um incêndio que havia atingido uma área de mais de 230 quilômetros quadrados. O fogo havia destruído dezenove casas só na Reserva Cheyenne do Norte.

Portanto, Braided Hair não precisava de que ninguém lhe contasse que estamos em uma crise climática. Ela já tinha visto. Por isso abraçou a chance de fazer parte da solução — e foi mais além. Como dissera Red Cloud, a energia solar se encaixa na visão de mundo com a qual ela havia sido criada. "Não podemos só pegar, pegar e pegar... Devemos pegar o necessário e depois devolver à terra", afirmou ela.

Lucas King, outro aluno de Red Cloud, falou diante dos representantes da companhia de carvão em uma audiência sobre Otter Creek. "Este é o país Cheyenne. É assim há muito tempo, desde muito antes de qualquer dólar. [...] Por favor, voltem e digam a quem precisar que não queremos [produção de carvão]. Não é para nós. Obrigado."

Os guerreiros solares e outros Cheyennes continuaram resistindo aos planos da mina e da ferrovia, junto com outras pessoas de fora da reserva. Alunos da Universidade de Montana deram início a um movimento que chamaram de Blue Skies Campaign para ajudar a organizar protestos nos bairros ao longo das ferrovias que já existiam. Eles sabiam que, em muitas dessas cidades, os trens que transportam carvão passam por bairros pobres, sufocando as pessoas com poeira e fumaça de óleo diesel. O Blue Skies realizou protestos, organizou marchas e participou de reuniões do conselho municipal para cobrar medidas contra as novas ferrovias, e as já existentes, e empreendimentos com combustíveis fósseis.

Em agosto de 2012, as pessoas se sentaram na escadaria da Assembleia Legislativa estadual durante cinco dias para protestar contra o arrendamento de terras a companhias de petróleo. Dois anos mais tarde, mil e quinhentas pessoas de uma dúzia de comunidades de Montana organizaram um dia de ação em prol da energia limpa em todo o estado. Em 2015, quando o conselho tribal dos Cheyenne do Norte realizou uma votação a respeito da ferrovia do rio Tongue, não houve nenhum voto a favor do empreendimento.

Com um ativismo de base bloqueando a ferrovia, não haveria uma nova mina em Otter Creek. No entanto, forças maiores também trabalharam contra a mina. O tempo do carvão como principal fonte de energia estava chegando ao fim. O mercado de carvão começou a perder força à medida que cada vez mais pessoas se davam conta dos problemas que ele causava, como o risco do trabalho nas minas, além da poluição e emissão de gases do efeito estufa. A demanda por energia limpa, verde e renovável ganhou mais força. As minas de carvão dos Estados Unidos começaram a fechar, e planos para a criação de novas minas não foram bem-sucedidos. No início de 2016, a empresa por trás da mina em Otter Creek e da ferrovia do rio Tongue foi à falência.

A energia verde e renovável é muito melhor para todos nós do que os combustíveis fósseis. Mas elaborar projetos de energia renovável é também uma oportunidade de corrigir as injustiças que muitos povos indígenas ainda sofrem. Isso significa realizar esses projetos com a participação ativa e o consentimento dos povos indígenas que vivem nas áreas afetadas, e em benefício deles. Ao contrário dos residentes de Nova Orleans, que ficaram desempregados durante as obras de reconstrução pós-Katrina, os povos indígenas devem participar dos projetos que são construídos em suas terras, como aconteceu com as caixas solares de Red Cloud, para que conhecimento, empregos e dinheiro possam entrar em suas comunidades.

Os Cheyenne nos mostram que passar de mineração de carvão a construção de fazendas eólicas e solares pode e deve ser mais do que simplesmente apertar um botão que muda a energia de subterrânea e suja para limpa e acessível. Também é possível corrigir velhas injustiças. A melhor maneira de fazer uma revolução da energia verde dar certo é envolver e fortalecer as comunidades, não apenas as empresas. É assim que se constrói um exército de guerreiros solares.

ZONAS DE SACRIFÍCIO

A queima de combustíveis fósseis é a maior impulsionadora de mudanças climáticas. Mas, mesmo que essa prática não aquecesse o planeta, ainda assim valeria a pena adotar uma fonte de energia limpa e renovável, como os aquecedores solares da Reserva Cheyenne do Norte. As comunidades que vivem próximo ao local em que os combustíveis fósseis são extraídos, processados, transportados e queimados sabem como eles são prejudiciais tanto para a saúde das pessoas quanto para a do planeta.

Depender de combustíveis fósseis para abastecer nossas vidas significa sacrificar pessoas e lugares. Para extrair esses combustíveis, corpos e pulmões saudáveis devem ser sacrificados ao ar nocivo e ao trabalho arriscado nas minas de carvão. A água e as terras das populações também são sacrificadas aos danos da mineração, da perfuração e de vazamentos de petróleo.

Há apenas cinquenta anos, os conselheiros científicos do governo dos Estados Unidos levantaram a possibilidade de "zonas de sacrifício nacional". Alguns começaram a dizer que era necessário que certas pessoas e regiões sofressem para que o país como um todo fosse beneficiado. Uma dessas zonas fica nos Apalaches, uma região no leste dos Estados Unidos, do norte da Geórgia e do Alabama até o sul de Nova York.

Os Apalaches são famosos há muito por duas coisas: belas paisagens montanhosas e carvão. Mas, em muitas partes da região, o primeiro item foi em grande parte sacrificado em prol do segundo. Mineradoras explodiram cumes inteiros, por vezes desalojando por completo algumas cidades. Elas despejavam os resíduos em vales e riachos, simplesmente porque esse tipo de mineração é mais barato do que cavar no subsolo.

Para que um governo ou a sociedade estejam dispostos a sacrificar regiões e comunidades inteiras dessa forma, é porque essas pessoas devem ser vistas como algo à parte, que valem menos do que os outros cidadãos. Desenvolvem-se estereótipos para definir as pessoas que trabalham duro nessas regiões como inferiores. Então, esses estereótipos tornam-se a desculpa para não proteger essas comunidades do perigo. Foi o que aconteceu com os residentes negros de Nova Orleans antes e depois do furacão Katrina. E o mesmo aconteceu nos Apalaches. As pessoas de lá costumavam ser chamadas, de modo pejorativo, de "caipiras". Os estereótipos as retratavam como ignorantes, bêbadas e descontroladas. E esse estereótipo serviu a um propósito lucrativo: quando alguém define um povo como "caipira", quem se preocupa em proteger o local onde ele mora?

Isso também acontece nas cidades. As usinas elétricas e as refinarias de petróleo da América do Norte, que geram ruídos e poluição, localizam-se, em sua maioria, perto de comunidades negras e latinas. As companhias se instalavam nesses locais porque acreditavam que as populações pobres não teriam poder político ou econômico para exigir um tratamento melhor — ao contrário das áreas mais ricas, que costumam receber a atenção dos políticos porque as pessoas que vivem nelas têm condições de fazer doações políticas e contratar lobistas para promover seus interesses. É por essa desigualdade de poder que as pessoas não brancas têm sido forçadas a carregar o fardo venenoso da dependência de nossa economia dos combustíveis fósseis. A isso chamamos de racismo ambiental.

Durante muito tempo, as zonas de sacrifício do mundo tiveram certas coisas em comum. Eram lugares em que as pessoas pobres moravam. Lugares afastados. Lugares em que as pessoas tinham pouco ou nenhum poder político, em geral por conta da raça, da língua ou da classe social. E os indivíduos que moravam nesses lugares sabiam que haviam sido descartados.

Mas as zonas de sacrifício estão ficando maiores. O carvão pode não ser mais tão utilizado, mas nossa fome por energia levou a indústria da mineração a inventar novas maneiras de extrair gás e petróleo da Terra. Uma delas é o fraturamento hidráulico, também conhecido como *fracking*. Um líquido empurrado sob o solo em alta pressão fratura — ou quebra — a rocha. Então, o gás natural ou o petróleo preso na rocha pode ser bombeado para fora. Embora o fraturamento hidráulico traga riscos de vazamentos, incêndios, contaminação das águas e desestabilização do solo, as empresas consideram que o sacrifício vale a pena caso possam vender o combustível com lucro.

O fraturamento hidráulico e outras novas técnicas passaram a retirar combustíveis fósseis de locais onde antes o acesso era difícil ou custoso demais para a indústria. O gás e o petróleo no fundo do oceano, por exemplo, ou misturados em camadas de xisto ou areia tornaram-se muito mais fáceis de extrair. Essas novas tecnologias criaram um grande *boom* dos combustíveis fósseis, o que só manteve o problema dos gases do efeito estufa ativo de outra maneira.

E todo esse combustível precisa se mover. Apenas nos Estados Unidos, o número de vagões ferroviários que transportam petróleo aumentou de 9.500 a quase meio milhão entre 2008 e 2014. Em 2013, mais petróleo foi derramado de trens norte-americanos do que nos quarenta anos anteriores somados. Após uma queda no preço e uma mudança para o transporte através de oleodutos, o petróleo tem sido menos transportado de trem nos Estados Unidos agora, mas milhões de pessoas ainda vivem no caminho das linhas de trem das "bombas de petróleo" mal conservadas. Em julho de 2013, um trem com 72 vagões cheios de petróleo explodiu. Como resultado, metade do centro de Lac-Mégantic, uma cidadezinha em Quebec, no Canadá, foi devastada. Quarenta e sete pessoas morreram.

Uma investigação do *Wall Street Journal,* em 2013, descobriu que mais de 15 milhões de norte-americanos viviam a menos de 1,5 quilômetro de um poço perfurado ou fraturado recentemente — poços estes que poderiam ser fonte de um vazamento de gás ou petróleo ou de um incêndio. "As empresas de energia fraturaram poços em propriedades de igrejas, em terrenos de escolas e em condomínios fechados", escreveu a jornalista Suzanne Goldenberg em outro jornal, o *Guardian*.

Em 2019, o governo do presidente Donald Trump declarou que passaria a permitir a prática do fraturamento nas fronteiras de alguns parques nacionais dos Estados Unidos — algo com que as companhias de petróleo sonhavam havia um bom tempo. Na Grã-Bretanha, as áreas consideradas para *fracking* somam cerca de metade da ilha.

Nenhum lugar, ao que parece, está imune a ser sacrificado quando se trata da extração de combustíveis fósseis. Nossas zonas de sacrifício estão ficando cada vez maiores. E, como sabemos, a poluição, o desperdício e a destruição causados pela extração de carvão, petróleo e gás da Terra são apenas parte do problema. A outra parte está nos gases do efeito estufa que entram na atmosfera do planeta quando esses combustíveis são, por fim, queimados. Eles estão impulsionando as mudanças climáticas, que são uma ameaça para todas as pessoas e todas as partes do mundo.

Agora, todos nós estamos na zona de sacrifício, a não ser que nos unamos e levantemos nossas vozes contra isso.

CRUELDADE CLIMÁTICA

Quando a primeira Greve das Escolas pelo Clima aconteceu na cidade de Christchurch, na Nova Zelândia, crianças e adolescentes de todas as idades debandaram de suas escolas no meio do dia. Assim como em Nova York e em dezenas de cidades ao redor do mundo, os jovens agitavam cartazes enquanto se juntavam em correntes maiores. No início da tarde, duas mil pessoas estavam reunidas em uma praça no centro da cidade para ouvir discursos e músicas.

"Fiquei muito orgulhosa de todo mundo de Christchurch. Todas essas pessoas foram muito corajosas. Não é tão fácil assim sair", Mia Sutherland me contou. Ela tinha dezessete anos e era uma das organizadoras da greve.

O ponto alto, disse Sutherland, foi quando toda a multidão entoou um hino de greve chamado "Rise Up". A música havia sido escrita por Lucy Gray, de doze anos, a primeira pessoa a convocar uma greve climática dos estudantes em Christchurch.

Sutherland gosta de passar o tempo ao ar livre. Ela começou a se preocupar com as perturbações climáticas quando se deu conta de que não afetariam apenas lugares distantes, mas também partes da natureza que conhecia e amava. Depois, descobriu que países inteiros do Pacífico estão em risco graças ao aumento do nível do mar e ao poder crescente dos ciclones. Foi aí que, para ela, as mudanças climáticas passaram de uma questão ambiental para ser uma questão de direitos humanos. "Aqui, na Nova Zelândia, fazemos parte da família das ilhas do Pacífico", disse ela. "São nossos vizinhos."

No palco da greve climática em Christchurch, os jovens se revezavam para falar ao microfone. "Todo mundo parecia bem feliz", lembrou Sutherland mais tarde. Então, quando ela estava prestes a falar, um amigo lhe puxou e disse: "Você precisa desligar isso. Agora!"

Um policial entrou no palco, pegou o microfone e disse a todos que deixassem a praça. Quando Sutherland entrou no ônibus, viu uma manchete em seu celular. Um tiroteio tinha acabado de acontecer a dez minutos de distância de onde ela estava. Ela ficou chocada.

Logo soube que, paralelamente à greve climática dos estudantes, um australiano que vivia na Nova Zelândia havia dirigido até a mesquita de Al Noor, uma das casas de culto muçulmanas em Christchurch. Ele havia entrado no local e disparado contra os fiéis que faziam suas orações. Seis minutos depois, havia dirigido para outra mesquita e continuado o massacre. Mais de cinquenta pessoas morreram naqueles tiroteios. Quase o mesmo número de pessoas ficaram gravemente feridas.

O assassino de Christchurch era um supremacista branco, alguém que acredita que os brancos são melhores do que as outras raças e que deveriam ter mais direitos e privilégios. Ele foi movido pelo ódio e pelo racismo. O que escreveu sobre os próprios crimes faz parecer que o colapso ecológico foi um dos fatores que alimentaram seu ódio.

O assassino se autodenominou "ecofascista". O termo "eco" vem de "ecologia", o estudo de como os seres vivos relacionam-se entre si e com seu ambiente. "Fascista" vem de "fascismo", um ponto de vista político que defende lideranças autoritárias e ditatoriais em detrimento da democracia e favorece a identidade racial ou nacional acima dos direitos humanos individuais. Permitir que imigrantes não brancos entrassem em lugares como a Nova Zelândia e a Europa, segundo as palavras do assassino, era uma "guerra ambiental", porque superpovoaria e destruiria essas regiões.

Essa afirmação é falsa. São as partes mais ricas e as pessoas mais ricas do mundo que mais poluem nosso planeta. Mas, à medida que nossas sociedades começam a enfrentar a crise ecológica e climática, esse tipo de ecofascismo racista pode se tornar mais comum. Na verdade, os governos de alguns países de maioria branca, até mesmo países que não tomaram muitas medidas para combater as mudanças climáticas, já estão usando a crise como desculpa para impedir a entrada de imigrantes e reduzir o auxílio a países mais pobres.

Os governos da União Europeia, dos Estados Unidos, do Canadá e da Austrália já dificultaram muito a entrada de imigrantes em seus países. Esses governos estão prendendo cada vez mais migrantes em campos e prisões. Isso, afirmam, impedirá que outros desesperados busquem segurança cruzando suas fronteiras.

Esse é um exemplo de *injustiça* climática, porque um dos motivos pelos quais as pessoas são forçadas a se mudar e emigrar é o impacto das mudanças climáticas. Outro exemplo de injustiça climática é a forma como alguns dos super-ricos do mundo já estão tomando medidas para se proteger dos piores efeitos das mudanças climáticas e das revoltas sociais. Eles estão construindo fazendas ou mansões particulares bem abastecidas e bem protegidas que mais se aproximam de fortalezas. Isso aprofunda a divisão entre os ricos e os pobres, corroendo ainda mais a ideia de um destino compartilhado e do bem público. Também acumula recursos que poderiam ser utilizados para ajudar outras pessoas. Riqueza e seguranças particulares, porém, não são capazes de proteger ninguém para sempre das turbulências drásticas caso as piores projeções sobre as mudanças climáticas se concretizem.

É por tudo isso que não podemos pensar em ações climáticas sem pensar ao mesmo tempo em justiça e equidade. Porque, no momento, muitas das respostas às perturbações climáticas são claramente *in*justas. Aqueles que menos poluem são os que mais sofrem. E aqueles que mais poluem estão usando o dinheiro para se proteger dos piores resultados de seus atos.

Assim, a humanidade está diante de uma escolha.

No futuro difícil e instável que já começou, que tipo de pessoa seremos? Vamos compartilhar o que resta e nos unir para deter o mal que ameaça a todos nós? Ou vamos tentar acumular o que sobrou, cuidando apenas "do que é nosso", e deixar todo o restante de fora?

PAGANDO NOSSA DÍVIDA CLIMÁTICA

Não estamos fadados a seguir o caminho da crueldade climática. Existem outros caminhos para o futuro, se escolhermos segui-los. Um começo seria falar com honestidade a respeito do que as partes mais ricas e desenvolvidas do mundo devem às partes mais pobres e subdesenvolvidas: uma dívida climática.

Os gases do efeito estufa se acumulam na atmosfera da Terra com o passar do tempo. O dióxido de carbono (CO_2), por exemplo, permanece na atmosfera por muitas centenas de anos — parte dele dura ainda mais. O clima de nosso planeta está mudando hoje graças a mais de dois séculos de emissões acumuladas. Os países que alimentaram suas economias industriais com combustíveis fósseis por um longo período, portanto, fizeram muito mais para aumentar a temperatura do planeta do que países que se industrializaram mais tarde. E, como o capítulo 4 deste livro deixará claro, boa parte da riqueza dessas áreas mais prósperas do mundo tem suas raízes em pessoas roubadas do continente africano e terras roubadas dos povos indígenas.

Isso significa que a crise climática foi criada, em sua grande maioria, pelos países mais ricos do mundo, incluindo os Estados Unidos, nações da Europa ocidental, Rússia, Grã-Bretanha, Japão, Canadá e Austrália. Com menos de um quinto da população mundial, esses países emitiram quase dois terços do dióxido de carbono que hoje está alterando as condições climáticas. Os Estados Unidos sozinhos emitem atualmente cerca de 15% do carbono do mundo, embora representem menos de 5% da população do planeta.

Mas, embora as pessoas e os países mais ricos sejam responsáveis pela maior parte da crise climática, eles não são os mais vulneráveis aos seus efeitos. Poucas das nações mais prósperas estão localizadas nas partes mais quentes e secas do mundo, e todas são capazes de produzir o que precisam ou têm condições de pagar pela importação desses bens — pelo menos, por enquanto.

Além disso, embora a Austrália e a região oeste da América do Norte tenham sido devastadas por secas e incêndios, a renda geral e o padrão de vida mais altos nesses países permitem que muitas pessoas tenham refrigeração e ar-condicionado e que possam se mudar para novas casas, se necessário. Por outro lado, é claro que isso não se aplica a um número crescente de pessoas mesmo nesses países.

Assim como vimos com os efeitos posteriores ao furacão Katrina, as pessoas e os países mais pobres são os primeiros a serem atingidos e os que mais sofrem com as emissões de gases do efeito estufa. Em 2018, o Banco Mundial estimou que, até o ano de 2050, as enchentes, o calor, as secas ou a escassez de alimentos causados pelas mudanças climáticas expulsarão mais de 140 milhões de pessoas de suas casas em áreas no sul da Ásia, na América Latina e na África, ao sul do deserto do Saara. Muitos especialistas acreditam que o número será ainda maior. A maioria dos desalojados ficará em seus próprios países, aglomerando-se em cidades e favelas já superlotadas e mal organizadas. Muitos, porém, tentarão uma vida melhor em outros lugares.

A justiça básica diz que as vítimas de uma crise causada por terceiros têm direitos. Portanto, um passo essencial em direção à justiça seria que os mais ricos do mundo reduzissem suas emissões de gases do efeito estufa, o máximo e o mais depressa possível. Outro passo seria reconhecer que todas as pessoas têm o direito de se deslocar e buscar segurança quando suas terras estão secas demais para o cultivo ou são ameaçadas por mares que vêm subindo rapidamente. Isso poderia envolver ajudar os migrantes climáticos a se mudarem para novos locais dentro de seus países ou recebê-los em outros países.

Um terceiro passo seria que as partes mais ricas e desenvolvidas do mundo pagassem sua dívida climática às nações pobres e menos desenvolvidas. A ideia por trás da dívida climática é que os países mais prósperos devem algo aos mais pobres por conta de sua história.

A atmosfera da Terra só pode absorver com segurança uma quantidade limitada de dióxido de carbono. Isso se chama "orçamento de carbono". Os países ricos já haviam gastado a maior parte do orçamento de carbono do planeta antes que os mais pobres tivessem a chance de se industrializar. As causas disso são complexas, mas têm a ver com o legado do colonialismo e da escravidão. Agora, esses países mais pobres estão tentando recuperar o tempo perdido. As pessoas lá querem muitas das coisas básicas a que a população das nações mais prósperas dá pouco valor: energia elétrica, saneamento e redes de transporte convenientes. E elas têm direito a tudo isso. O problema é o seguinte: se o mundo inteiro copiar o estilo de vida cheio de desperdícios e queima de combustíveis fósseis comum nos países ricos, a temperatura do planeta vai disparar.

A ideia da dívida climática é uma forma de encontrar uma solução justa para esse dilema. Desde 2006, o Equador, um país relativamente pobre da América do Sul, tentou mostrar ao mundo como essa solução poderia funcionar — mas poucos estavam dispostos a dar ouvidos na época.

O Parque Nacional Yasuní, no Equador, é uma extensão extraordinária de floresta tropical. Diversos povos indígenas que vivem no parque rejeitaram todo tipo de contato com o mundo exterior, para proteger seu modo de vida. Isso significa que eles têm pouca imunidade a doenças comuns, como a gripe, e podem correr grandes riscos se forem forçados a ter contato com estranhos.

O parque também abriga uma grande diversidade de plantas e animais. Em apenas um hectare do parque, há uma quantidade de espécies de árvores equivalente ao número total de espécies nativas da América do

Protestando contra a exploração do petróleo no Parque Nacional Yasuní do Equador, os povos indígenas do local ficaram frente a frente com os policiais na capital, Quito.

Norte, por exemplo. Ele também abriga muitas espécies em risco de extinção, como a ariranha, o macaco-aranha e a onça-pintada. Yasuní é o tipo de lugar sobre o qual David Attenborough faz documentários incríveis!

Mas, por baixo de toda essa profusão de vida, encontra-se petróleo — chegando a até 850 milhões de barris. O petróleo vale bilhões, e as companhias de petróleo querem extraí-lo. Se conseguissem, isso geraria muitos investimentos para a economia do Equador. O dinheiro poderia ser utilizado para combater a pobreza. Por outro lado, a queima de todo esse petróleo e a derrubada da floresta tropical acrescentariam 547 milhões de toneladas de dióxido de carbono à atmosfera. Isso é um problema para todos os habitantes da Terra, incluindo a população do Equador.

Em 2006, um grupo ambientalista equatoriano chamado Acción Ecológica apresentou uma ideia. O governo do Equador aceitaria não autorizar a exploração em Yasuní se, em contrapartida, os outros países do mundo apoiassem a decisão, pagando ao Equador parte do dinheiro que o país perderia por deixar o petróleo sob a terra.

O arranjo seria bom para todos. Manteria os gases que aquecem o planeta longe da atmosfera. Também protegeria a rica biodiversidade de Yasuní. Além disso, levantaria fundos para o Equador investir em saúde, educação e energia limpa e renovável.

A ideia desse plano era a de que o Equador não deveria arcar com todo o prejuízo de manter seu petróleo debaixo do solo. O custo deveria ser dividido pelos países altamente industrializados que já emitiram a maior parte do excesso de dióxido de carbono na atmosfera — e, assim, enriqueceram (com a ajuda da escravidão e do colonialismo, como veremos no próximo capítulo). Segundo o plano, o dinheiro que o Equador recebesse poderia ser utilizado para ajudar o país a chegar a uma nova era de desenvolvimento verde, superando os modelos mais poluentes que prevalecem há séculos. O plano Yasuní seria um modelo para o pagamento da dívida climática ou ecológica em outros países.

O governo do Equador defendeu o plano Yasuní para o mundo. A ideia recebeu apoio em massa dos equatorianos. Uma pesquisa de 2011 mostrou que 83% da população não queria que o petróleo da reserva fosse explorado. Em uma pesquisa anterior, três anos antes, o índice de aprovação era de 41%, mostrando que um plano por mudanças positivas pode capturar o imaginário das pessoas rapidamente.

Estabeleceu-se uma meta de 3,6 bilhões de dólares para que o Equador protegesse Yasuní. Mas as contribuições por parte dos países desenvolvidos demoraram a chegar — quando chegaram. Após seis anos, apenas US$ 13 milhões foram arrecadados.

Como o plano não tinha conseguido juntar o valor esperado, em 2013 o presidente do Equador disse que ia permitir a perfuração do solo. Os equatorianos que apoiavam o plano da dívida climática não desistiram. Grupos de cidadãos e organizações sem fins lucrativos fizeram campanha contra a exploração. Manifestantes resistiram a prisões e balas de borracha. Mesmo assim, apesar de seus esforços, a perfuração em Yasuní teve início em 2016. Três anos mais tarde, o governo permitiu que a atividade se estendesse a um terceiro campo de petróleo dentro do parque, dessa vez na área em que as tribos viviam sem contato com o mundo exterior.

O governo do Equador afirma que a extração de petróleo tem sido feita com muito cuidado, para proteger o meio ambiente. Mas, mesmo que seja o caso, a perfuração do solo de Yasuní representa mais uso de combustíveis fósseis, mais emissão de gases do efeito estufa na atmosfera e mais mudanças climáticas.

A América Latina, a África e a Ásia têm muitas oportunidades para que as partes mais ricas do mundo apresentem-se e paguem suas dívidas climáticas. Para que isso aconteça, os povos e os países bem-sucedidos do mundo precisam reconhecer o que devem às nações que se encontram em uma crise que pouco contribuíram para criar.

Quais são as responsabilidades dos ricos? Quais são os direitos dos pobres, não importa em que parte do mundo vivam? Enquanto não encararmos essas perguntas, não chegaremos a uma abordagem global das mudanças climáticas que seja grande o suficiente para resolver o problema. E continuaremos vendo outras devastadoras oportunidades perdidas, como em Yasuní.

LABORATÓRIOS PARA O FUTURO

Depois do furacão Katrina, Nova Orleans tornou-se uma espécie de laboratório. Como cientistas malucos, as empresas e seus apoiadores no governo e em *think tanks* conduziram experimentos nos órgãos públicos. Eles tentaram transformar áreas que antes faziam parte do bem comum, como saúde e educação públicas, em oportunidades de negócios. No fim das contas, deixaram a cidade ainda mais desigual entre ricos e pobres e mais fragilizada para o desastre seguinte.

Mas desastres futuros poderiam, sim, se tornar laboratórios para o bem comum. Os desastres — sejam eventos climáticos, como inundações, terremotos e tempestades, ou fases de instabilidade política, como períodos de guerra — costumam pôr a desigualdade em evidência, como no caso do Katrina, em Nova Orleans. Fica mais fácil enxergar a injustiça social e climática. Mas os desastres também tumultuam a vida cotidiana. Muitas vezes, forçam as pessoas a descobrirem novas maneiras de realizar suas atividades. É aí que o desastre se torna uma oportunidade.

Após muitas situações assim, os ricos e poderosos aproveitaram a oportunidade para aumentar ainda mais sua riqueza e seu poder. E se, em vez disso, os desastres se transformassem em oportunidades para fortalecer e potencializar o bem público?

O governo, as autoridades locais e os grupos de ajuda poderiam permitir e encorajar as pessoas a reagirem aos desastres de maneira que ajudem umas às outras e as comunidades locais, e não só as empresas que são ricas o bastante para resistir às intempéries. O capítulo 6 fala sobre alguns lugares em que isso já aconteceu. Esse é o caminho para a justiça climática, o que reduz as chances de sermos todos atingidos pelas tempestades que virão. E esse é, sim, um caminho alcançável.

Como já vimos na parte 1, os jovens manifestantes do clima de hoje têm razão — a atual situação climática e de nossa sociedade nos coloca em um ponto crítico e decisivo. Como moldaremos o futuro por meio de nossas ações, não só como indivíduos, mas como sociedade e espécie?

Para evitar a repetição dos erros do passado, precisamos saber como chegamos ao momento atual da crise climática global e como acumulamos essa dívida. Como veremos no próximo capítulo, a história também começa em um laboratório.

Parte Dois
COMO CHEGAMOS AQUI

CAPÍTULO 4

Queimando o passado, preparando o futuro

As mudanças climáticas nasceram em 1757, em um laboratório ou uma oficina. O lugar era um pouco dos dois. Pertencia a um escocês de 21 anos chamado James Watt.

O ofício de Watt era produzir e consertar instrumentos delicados utilizados por cientistas e matemáticos. Depois de consertar alguns equipamentos astronômicos que pertenciam à Universidade de Glasgow, ele foi convidado a abrir uma oficina dentro da instituição. Seis anos mais tarde, a universidade pediu que ele consertasse um motor. O conserto acabaria por levar James Watt a descobrir uma nova fonte de energia — uma máquina a vapor que a historiadora Barbara Freese afirmou ser "talvez a invenção mais importante da criação do mundo moderno".

A máquina levou ao rápido crescimento e disseminação da indústria, depois à queima de combustíveis fósseis em larga escala para abastecê-la e, com o tempo, à crise climática.

WATTS DE POTÊNCIA

Já falamos bastante sobre combustíveis fósseis, mas o que são eles, exatamente? Carvão, petróleo e gás natural são chamados de combustíveis fósseis porque são feitos de restos dos seres vivos que morreram há milhões ou até mesmo centenas de milhões de anos. Esses seres vivos não eram dinossauros imponentes como os que vemos em museus. Em vez disso, o carvão e alguns tipos de gás natural vêm dos restos de árvores e outras plantas mortas há muito tempo. O petróleo e a maior parte do gás natural vêm de pequenas plantas aquáticas como algas ou criaturas marinhas microscópicas chamadas de plâncton.

Quando essas criaturas morreram, submergiram para o fundo de antigos pântanos e mares. Com o passar das eras, a terra foi se acumulando sobre aqueles trilhões de restos mortais. A pressão do peso da terra gerou reações químicas que transformaram os restos orgânicos em carvão, petróleo bruto ou gás natural.

As pessoas utilizavam combustíveis fósseis muito antes de James Watt. Em lugares com brejos e pântanos, as pessoas cavavam para retirar blocos de turfa do solo. A turfa é uma matéria vegetal antiga e parcialmente decomposta. Se deixada no solo por mais algumas dezenas de milhões de anos, pode se transformar em carvão. Mesmo desenterrada na forma de turfa, porém, ainda era queimada para aquecer as casas.

O carvão ficava enterrado mais fundo no solo do que a turfa, e era mais difícil de se obter, mas aquecia mais. Na época de Watt, lareiras ou fornalhas a carvão aqueciam muitas casas britânicas. Na verdade, a máquina que Watt precisou consertar em 1763 foi um motor de Newcomen — uma máquina a vapor primitiva, inventada em 1712 por Thomas Newcomen, utilizada principalmente para bombear a água de minas de carvão inundadas.

Em sua forma mais simples, uma máquina a vapor é parecida com uma grande chaleira. Só que, em vez de assobiar na cozinha, o vapor da água fervente é retido e utilizado para fazer a máquina funcionar. Assim como uma chaleira precisa ser aquecida em um fogão, uma máquina a vapor não pode aquecer a água sem a energia de algum tipo de combustível.

Os motores de Newcomen queimavam carvão. O carvão em brasa aquecia a água em um recipiente chamado caldeira, transformando-a em vapor. O vapor corria para uma câmara selada com uma peça móvel bem-ajustada, chamada pistão. A pressão do vapor empurrava o pistão, e a energia do pistão em movimento operava as hastes fixadas do lado de fora da câmara. As hastes móveis acionavam uma bomba que removia a água das minas alagadas.

Quando Watt consertou o motor de Newcomen da universidade, percebeu que não era muito eficiente. O aparelho desperdiçava energia porque resfriava a cada movimento do pistão, o que significa que o vapor precisava ser constantemente reaquecido. Muitos anos depois, Watt descobriu como redesenhar a máquina a vapor. Sua versão seria mais eficiente e muito mais potente.

Levou anos até que Watt aperfeiçoasse seu projeto e encontrasse o parceiro certo para ajudá-lo a transformar aquilo em um negócio, e, em 1776, o novo motor entrou em atividade. Seu primeiro trabalho foi dar energia às bombas que retiravam a água das minas alagadas, como o motor de Newcomen havia feito.

O parceiro de Watt, Matthew Boulton, observou que o mercado de bombas para drenagem de minas era limitado, mas vários outros tipos de trabalhos também precisavam de energia. A pedido de Boulton, Watt inventou uma versão de seu motor que poderia alimentar outras máquinas além de bombas. Em 1782, uma serraria encomendou um dos novos motores. A usina usava doze cavalos para movimentar as máquinas que cortavam madeira. Watt calculou que o trabalho realizado por um cavalo era o equivalente a levantar 15 mil quilos a uma distância de 30 centímetros em 1 minuto. (Essa é a origem da unidade de medida de potência por cavalos.) Seu motor substituía todos os doze cavalos.

Ao possibilitar a existência da indústria moderna, o motor a vapor — e as máquinas que ele movia, como esse trem — mudou o mundo. Ele também começou a transformar o clima.

James Watt não inventou o motor a vapor, mas fez grandes mudanças nele. Potente e incansável, seu aparelho consumia carvão de uma fonte aparentemente ilimitada para produzir energia. Era a máquina perfeita para o modo com que os poderosos do tempo e da área de Watt tinham passado a ver a Terra e nosso relacionamento com ela.

UM MUNDO À DISPOSIÇÃO

Você já tentou descrever sua relação com a natureza? Acha que é parecida com a relação da sociedade em que vive, ou você tem ideias que não correspondem ao que vê ao seu redor?

Os seres humanos têm muitas maneiras de pensar sobre a própria vida no mundo natural. Por exemplo, o povo Haudenosaunee (às vezes chamado de iroquês) tem uma filosofia antiga que exige que cada decisão seja avaliada com base em seu impacto não só nas gerações vivas hoje, mas também nas sete gerações futuras. Muitas culturas têm filosofias que ensinam seus membros a serem bons ancestrais além de bons cidadãos, evitando fazer qualquer coisa que impeça as futuras gerações de terem uma vida boa. E, como ouvimos dos jovens que vivem na Reserva Cheyenne do Norte, a cultura deles ensina a tomar somente o necessário e devolver tudo à terra, para que ela continue a se renovar e a sustentar a vida.

Esses sistemas de vida ainda existem em meio a alguns grupos, especialmente entre os povos indígenas de todo o planeta. Na maior parte do mundo moderno, porém, esses sistemas deram lugar, há centenas de anos, a uma visão diferente da relação entre as pessoas e a natureza. Elas começaram a enxergar o mundo como um objeto ou uma máquina, algo que os seres humanos podem e devem controlar. A partir do século XVI, essa visão se consolidou na Europa e em suas colônias, inclusive na que viria a se tornar os Estados Unidos. Ela está entrelaçada em nossa economia global, que valoriza a tomada — ou a extração — de recursos acima de tudo. Alguns chamam esse sistema de extrativismo.

Se o extrativismo tem um pai, provavelmente é um cientista e pensador inglês chamado Francis Bacon (1561-1626). Ele é responsável por ter convencido as classes instruídas a abandonarem a velha noção da Terra como uma mãe que gera a vida e merece nosso respeito — e, por vezes, nosso temor. Para Bacon, a existência dos humanos era algo separado do restante do mundo natural, e a Terra existia para ser usada. Os seres humanos eram seus mestres. Em 1623, ele escreveu que, se estudássemos a natureza, "poderíamos comandá-la e guiá-la".

A Terra, a partir desse ponto de vista, pode ser totalmente compreendida. Pode ser controlada. Essa ideia também está presente nos escritos políticos de outro inglês, John Locke (1632-1704). O pensamento de Locke ajudou a dar forma às noções modernas de liberdade. Parte dela era a "perfeita liberdade" de usar o mundo natural da maneira que os humanos desejassem. Enquanto isso, na França, o grande filósofo René Descartes escreveu que os seres humanos eram os "mestres e possuidores" da natureza.

O problema é o seguinte: quando nos dizem que somos donos de alguma coisa, ou que somos seus "mestres", e não parte dela, tendemos a pensar que podemos fazer o que quisermos, sem enfrentar nenhuma consequência. Esse tipo de pensamento, especialmente a visão de Bacon de um mundo natural conhecível e controlável, abriu caminho para as atividades coloniais da Inglaterra e dos outros países da Europa. Os navios dessas nações cruzavam o globo para trazer de volta os segredos da natureza — e suas riquezas — para as Coroas. Ao mesmo tempo, essas viagens eram também oportunidades para os países exploradores reivindicarem terras distantes de seus próprios territórios como colônias. Isso transformou os povos que já viviam nessas terras em súditos das nações colonizadoras, quisessem eles ou não.

Os europeus ricos desse período se imaginavam como seres todo-poderosos que reinavam acima da natureza e acima dos indivíduos não cristãos, cujo modo de vida era mais conectado ao mundo natural. Esse sentimento foi captado por um clérigo que escreveu em 1713: "Nós podemos, se necessário, saquear o planeta inteiro, adentrar as entranhas da Terra, descer às profundezas, viajar até as regiões mais longínquas deste mundo para adquirir riqueza." Era uma cultura de apropriação triunfante, incluindo a captura e a escravização de povos não europeus. E, com a visão da Terra como uma máquina ilimitada, repleta de recursos disponíveis para serem adquiridos, nasceu o sonho do extrativismo.

Tudo que faltava era uma fonte de energia confiável para tornar esse sonho realidade.

REVOLUÇÃO

Nas primeiras décadas, o novo motor a vapor não foi muito bem nas vendas. As rodas d'água, que moviam a maioria das fábricas, tinham muitas vantagens. A água era gratuita, enquanto o motor a vapor precisava ser abastecido com carvão, que tinha que ser comprado constantemente. O motor a vapor também não fornecia muita energia a mais. As grandes rodas d'água, na verdade, eram capazes de produzir bem mais cavalos-vapor do que seus concorrentes movidos a carvão.

Mas, à medida que a população britânica crescia, dois fatores viraram a balança a favor da energia a vapor. Uma vantagem era que a nova máquina não era sujeita às mudanças da natureza. Contanto que houvesse carvão para alimentá-lo, o motor a vapor funcionaria na mesma velocidade o tempo inteiro. Não importava o ritmo em que a água corria pelos rios ou o aumento e a diminuição do fluxo com as estações.

A outra vantagem do motor a vapor era que ele funcionava em qualquer lugar. As rodas d'água tinham que ser construídas ao lado de cachoeiras ou corredeiras, mas as fábricas movidas a vapor não precisavam de nenhuma condição geográfica específica. Os donos das fábricas poderiam transferir suas operações de cidades remotas ou do interior para cidades grandes como Londres. Nas cidades, com muitos trabalhadores dispostos e disponíveis, os proprietários poderiam demitir encrenqueiros e derrubar greves com facilidade. E combustível para os motores a vapor também não era um problema nas cidades. Após o desenvolvimento das locomotivas a vapor, novos trens a carvão transportavam grandes quantidades de carvão das minas para o novo maquinário dos centros industriais, onde quer que estivessem.

Da mesma maneira, quando o motor de Watt foi instalado em um barco, as tripulações deixaram de depender dos ventos. Isso facilitou ainda mais que os europeus chegassem e conquistassem terras distantes. Em um encontro em homenagem a Watt no ano de 1824, o conde de Liverpool disse: "Deixe o vento soprar de qualquer lugar possível, deixe o destino de nossa força ser qualquer parte do mundo, você tem o poder e os meios, através do Motor a Vapor, de aplicar essa força no momento apropriado e da maneira apropriada."

Entretanto, logo ficou claro que, como vimos no capítulo 3, os combustíveis fósseis exigiam zonas de sacrifício — incluindo os pulmões adoecidos dos mineiros de carvão, as hidrovias poluídas ao redor das minas e os corpos escravizados dos africanos que foram varridos pela Revolução Industrial, como veremos mais adiante. Mas esse preço era visto como aceitável graças à promessa de poder e liberdade que o carvão oferecia aos donos das minas, das fábricas e das companhias de navegação. Com sua fonte de energia portátil, a indústria e o colonialismo poderiam ir aonde quer que a mão de obra fosse mais barata e mais fácil de explorar, e aonde quer que fosse possível extrair recursos valiosos. O carvão representava o controle total sobre outras pessoas e a natureza. O sonho de Bacon havia virado realidade. O carvão deu uma força sobrenatural à Revolução Industrial.

Ao mesmo tempo, a noção de que as pessoas poderiam extrair tudo de que precisassem do mundo natural, em qualquer lugar que desejassem e pelo tempo que bem entendessem, afetou indivíduos em todos os níveis da sociedade. A ideia era acompanhada de um desejo de comprar e ter novas coisas, porque as fábricas movidas a carvão passaram a ser capazes de produzir bens de consumo em massa.

Não é de surpreender que o tempo do motor a vapor de Watt também tenha sido um tempo de crescimento explosivo da manufatura britânica. O algodão é apenas um exemplo. A Grã-Bretanha importava algodão cru cultivado em outras partes do mundo. A grande maioria era colhida nos Estados Unidos e no Caribe por escravos sequestrados de países na África ou por descendentes deles. Assim que o algodão chegava à Grã-Bretanha, as fábricas têxteis o transformavam em tecidos acabados e em roupas manufaturadas. Depois, os comerciantes britânicos vendiam esses produtos não apenas para as pessoas do país, mas também para o mundo inteiro.

Tratava-se de uma revolução. Dois fatores a possibilitaram: carvão para abastecer fábricas e barcos, e a mão de obra de trabalhadores escravizados de outros países para fornecer o algodão. Sob esse sistema, tanto a terra quanto as pessoas que a cultivavam eram tratadas como objetos que podiam ser explorados sem limites.

Esse foi o início do capitalismo moderno. A enxurrada de novos bens manufaturados produzidos em massa foi acompanhada de novos mercados para comprá-los. Antes, a maioria das pessoas adquiria o necessário através de artesãos locais e pequenas fazendas. Agora, a economia concentrava-se no mercado, na compra e venda geral de mercadorias, às vezes itens que haviam sido enviados de longas distâncias.

Uma das principais características desse novo modelo econômico era — e ainda é — o consumismo. Em uma economia de mercado, o papel das pessoas é o de serem consumidoras. As propagandas as incentivam constantemente a comprar novos produtos e jogar fora os antigos. Até mesmo alguns discursos políticos transmitem a mensagem de que gastar e comprar é dever dos cidadãos.

A Revolução Industrial não se limitou à Grã-Bretanha, lar do motor a vapor de Watt. A revolução se disseminou, primeiro para a Europa ocidental e para a América do Norte. E, por ser movida a carvão, essa revolução que se expandia também marcou o início das mudanças provocadas pelo ser humano na atmosfera que cobre nosso planeta. Isso se dá porque o carvão — assim como o petróleo e o gás natural, que passaram a ser amplamente utilizados mais tarde — libera gases do efeito estufa quando é queimado, e alguns desses gases permanecem no ar por um longo período.

O tempo que um gás do efeito estufa se mantém no ar depende do seu tipo. Existem quatro principais: metano; óxido nitroso; dióxido de carbono (CO_2); e um grupo de substâncias químicas chamado gases fluorados, que incluem os hidrofluorcarbonos, utilizados na refrigeração e nos aparelhos de ar-condicionado. Cada tipo de gás do efeito estufa tem um poder de permanência diferente depois que se integra à atmosfera.

Parte do metano vem de fontes naturais, como a decomposição de matéria vegetal. Mas os seres humanos também produzem metano através da extração de combustíveis fósseis do solo, da pecuária e da acumulação de grandes quantidades de lixo em lixões e aterros sanitários. O metano permanece na atmosfera por cerca de doze anos.

O óxido nitroso dura ainda mais, em torno de 114 anos. Ele é liberado no ar através de fertilizantes nitrogenados, resíduos da pecuária e alguns processos industriais.

Os gases fluorados desempenham uma função menor no aquecimento global em relação aos outros gases do efeito estufa, mas parte deles permanece na atmosfera por milhares de anos.

O pior de todos é o dióxido de carbono (CO_2). Esse gás aumenta na atmosfera com o uso de combustíveis fósseis e a prática do desmatamento, a derrubada de árvores em grandes proporções. Parte desse CO_2 é absorvida pelo oceano, mas o restante permanece na atmosfera por centenas ou até mesmo milhares de anos.

Essa emissão de dióxido de carbono é, de longe, a maior contribuição humana para as mudanças climáticas. E a atividade que mais altera o clima é a queima de combustíveis fósseis, especialmente o carvão. Com isso, a história volta ao carvão, ao motor a vapor e ao que

> Parte da energia solar é refletida de volta ao espaço pela atmosfera. O restante alcança a superfície terrestre, que reflete mais uma parte de volta ao espaço. Mas os gases do efeito estufa na atmosfera retêm parte dessa energia refletida, aumentando as temperaturas globais. Os principais gases do efeito estufa são dióxido de carbono, metano, óxido nitroso e um grupo de substâncias conhecido por vários nomes, incluindo gases fluorados e haloalcanos.

EFEITO ESTUFA

SOL

ATMOSFERA

Luz refletida de volta ao espaço pela atmosfera

Luz solar refletida pela superfície

Luz absorvida pela superfície

Gases do efeito estufa retêm o calor do sol

Atividades humanas liberam gases do efeito estufa

CFCs e haloalcanos
Refrigeradores e aerossóis

Óxido nitroso
Gasolina e agricultura

Metano
Gado e fertilizante

Dióxido de carbono
Petróleo e carvão

aconteceu conforme a Revolução Industrial se tornava cada vez mais inescapável.

Sopa de ervilha fatal

A neblina faz parte do clima de Londres desde a Antiguidade. A capital britânica é situada em um vale pelo qual flui o rio Tâmisa. Quando o vapor d'água se forma acima do rio, pode se espalhar pela cidade, tomando as ruas com uma névoa cinza e gelada.

Durante o século XIX, porém, os nevoeiros de Londres mudaram. Tornaram-se mais frequentes, além de mais densos e espessos, e às vezes faziam os olhos e a garganta das pessoas arderem. Não se tratava de neblina, ou *fog*, mas de *smog* — uma combinação de *fog* com fumaça (*smoke*) e fuligem (*soot*), principalmente da queima de carvão. A cor suja e amarelada do *smog* rendeu o apelido "sopa de ervilha".

Em seu livro *London Fog: The Biography*, de 2015, Christine L. Corton escreve que os anos de pico, em média, para os *fogs* e *smogs* de Londres foram os da década de 1890. Durante esse período, a cidade ficou encoberta por uma média de 63 dias em cada ano. Mas o pior ano, de longe, veio depois. Foi em 1952, ano do Grande Smog.

Tudo começou como um nevoeiro comum no dia 5 de dezembro. Em pouco tempo, porém, a névoa ficou amarelo-amarronzada. Ela estava se misturando à poluição das chaminés de casas e fábricas e do escapamento de carros e ônibus. No dia seguinte, ficou claro que essa sopa de ervilha era pior do que o normal. Um sistema meteorológico havia estagnado no vale do Tâmisa e não havia vento. Uma massa de ar frio e nebuloso de quase 50 quilômetros de extensão estava presa sobre Londres como se estivesse em uma tigela.

Como todas as ocorrências de *smog*, o Grande Smog foi um legado da Revolução Industrial, que havia levado a um aumento constante do uso de carvão pela indústria e pelas usinas elétricas, bem como nas lareiras e fornalhas usadas para aquecer as casas. O carvão que causou a maior parte da poluição na Londres dos séculos XIX e XX era rico em enxofre, o que dava ao *smog* sua cor amarelada e sua sensação de ardência. O enxofre também causava o fedor de ovos podres. O *smog* deixava uma camada preta e gordurosa em tudo que tocava, inclusive no rosto das pessoas.

Em pouco tempo, o Grande Smog tornou-se o pior que Londres já havia visto. Motoristas abandonaram seus carros porque não conseguiam enxergar as ruas. Trens e voos foram cancelados. Pássaros colidiam com edifícios e morriam. Cinemas fecharam porque o *smog* havia invadido os prédios, bloqueando a visão da tela. A criminalidade se deu bem, por outro lado. Criminosos tinham facilidade de desaparecer em meio ao *smog* após um roubo ou um furto.

Por fim, depois de cinco dias, o tempo mudou e o vento varreu o *smog* para fora de Londres. Mas os

A Coluna de Nelson, um famoso monumento de Londres, ficou quase invisível ao meio-dia, durante o Grande Smog de 1952.

efeitos do Grande Smog seriam sentidos por um longo período. Milhares de pessoas adoeceram e morreram de doenças pulmonares, como bronquite e pneumonia. Hoje, os especialistas acreditam que pelo menos 8 mil pessoas tenham morrido em decorrência do Grande Smog. Os muito jovens, os idosos e os fumantes foram os mais atingidos.

Quatro anos depois do Grande Smog, o governo britânico aprovou a Lei do Ar Limpo para limitar o uso do carvão nas cidades. E, à medida que o carvão ia saindo de cena, as sopas de ervilha tornaram-se menos comuns. Outros *smogs* fatais e mortes relacionadas a esse fenômeno ocorreram, mas nunca de forma tão severa quanto no Grande Smog de 1952. Após esse grande desastre ter afetado milhares de pessoas, o governo interveio — um sinal de que, quando a vida e a saúde das pessoas está em jogo, grandes mudanças são possíveis. E, se esse tipo de mudança aconteceu em Londres nos anos 1950, pode acontecer em qualquer lugar hoje em dia.

SINAIS DE ALERTA

Na Revolução Industrial, os europeus utilizaram pela primeira vez o poder dos combustíveis fósseis. Por alguns séculos, eles pareciam ter submetido a natureza às suas vontades, assim como Francis Bacon havia instruído. Daquela época para cá, porém, fomos lembrados de algo que os nossos ancestrais já sabiam: todos os relacionamentos na natureza envolvem trocas. Hoje em dia, entendemos que o mundo é cheio de conexões e que uma coisa sempre leva à outra. Quando usamos os combustíveis fósseis, não eliminamos as relações de troca da natureza. Nós apenas atrasamos esse retorno.

Há séculos retiramos os combustíveis fósseis do solo. Hoje, os efeitos acumulados dessa queima de carbono nos dão em troca um mundo natural mais feroz: secas maiores e mais prolongadas, incêndios mais violentos, tempestades mais intensas, maior risco de problemas de saúde e muito mais. Esperanza Martínez, uma ecologista do Equador, escreve: "Ficou claro ao longo do último século que os combustíveis fósseis, a fonte de energia do capitalismo, destroem a vida — dos territórios de que são extraídos, dos oceanos e da atmosfera que absorve os resíduos."

Mas os sinais desses efeitos surgiram há muito tempo. As primeiras vítimas do carvão foram os mineiros que ajudavam a extraí-lo da terra. Muitos morreram de uma doença chamada antracose, ou pulmão negro, que é tão horrível quanto parece. Ela é causada pela exposição ao pó de carvão, que danifica o tecido pulmonar. Outras vítimas iniciais foram os indivíduos que trabalhavam nas novas fábricas e usinas antes que houvesse leis em vigor para limitar a carga horária, impedir o trabalho infantil ou tornar os ambientes de trabalho mais seguros. E, é claro, os escravos que coletavam o algodão, a borracha, o arroz e a cana-de-açúcar que alimentavam muitas dessas fábricas foram as maiores vítimas de todas. O meio ambiente também mostrava as marcas do progresso industrial. As pessoas se acostumaram a ver montes de resíduos de mineração, ar coberto de fuligem e hidrovias poluídas em vez do cenário natural que antes as rodeava.

Tudo isso deveria ter sido um aviso de que estávamos soltando venenos no mundo, e os sinais de alerta só aumentariam no século XX. No entanto, a maioria das pessoas não começou a prestar a devida atenção ao que estávamos colocando em risco até que a ameaça das mudanças climáticas passasse a ser compreendida. No próximo capítulo, veremos como cientistas, escritores e pessoas de diferentes faixas etárias finalmente se reuniram no fim do século XX para questionar a visão da natureza como uma máquina de recursos infinitos — e exigir mudanças que melhorassem tanto a saúde das pessoas quanto a do planeta.

CAPÍTULO 5

A batalha ganha forma

Os combustíveis fósseis construíram o mundo moderno. Todos nós vivemos na história escrita pelo carvão, pelo petróleo e pelo extrativismo. Mesmo em países que não têm muitas indústrias pesadas, o ar que respiramos e o clima ao nosso redor são afetados pela economia industrial globalizada. Telefones, carros e outros produtos que compramos são frutos dessa economia movida a combustíveis fósseis.

Dentro da história dos combustíveis fósseis e do extrativismo, as pessoas lutaram por uma divisão mais justa dos lucros. Elas conquistaram algumas vitórias para os pobres e para as classes trabalhadoras, embora a maioria dessas lutas não confrontasse a ideia básica do extrativismo em si. Mas, por volta dos anos 1980, à medida que a preocupação com nossa dependência dos combustíveis fósseis ia aumentando, as pessoas começaram a questionar essa ideia.

Um confronto decisivo ganhou forma. De um lado, estavam aqueles que ouviam os avisos crescentes sobre os combustíveis fósseis e apresentavam novas preocupações a respeito das mudanças climáticas. Do outro, estavam aqueles que ignoraram os alertas, gritaram mais alto para abafar os avisos ou distorceram os dados para ocultar a verdade. Esse conflito de valores e ideias não poderia ter surgido em um momento pior de nossa história.

A ASCENSÃO DE UM MOVIMENTO

O movimento que costuma ser conhecido como "ambientalismo" é uma rede de vários grupos que desejam proteger o mundo e seus recursos de serem devorados pela atividade humana. As ideias do ambientalismo não são novas, mas, como fenômeno midiático, o movimento atingiu a maturidade no século XX. Será que esse novo movimento desafiou a visão dos extrativistas a respeito de ser a natureza uma fonte inesgotável de recursos e riqueza? Não exatamente.

O início da história do ambientalismo, especialmente na América do Norte, pouco tinha a ver com as pessoas comuns da classe trabalhadora, menos ainda com os pobres. Ele teve início como um movimento chamado de conservacionismo, no fim do século XIX e início do XX.

O conservacionismo era composto sobretudo de homens abastados e privilegiados que gostavam de pescar, caçar, acampar e fazer trilhas. Embora tivessem percebido que a rápida expansão da indústria ameaçava a vida selvagem que amavam, a maioria deles não questionava se essa expansão pelas paisagens dos Estados Unidos seria uma coisa boa, ou se deveria ser controlada. Eles só queriam garantir que algumas áreas espetaculares fossem reservadas para que pudessem desfrutar delas. O movimento não se preocupava com o fato de que outros lugares seriam afetados pela indústria e pelo desenvolvimento.

Os primeiros conservacionistas não alcançaram seu objetivo por meio de protestos públicos barulhentos. Isso teria sido impróprio para um movimento ligado às classes superiores. Não, eles calmamente persuadiram outros homens como eles a salvarem lugares que amavam transformando-os em parques nacionais ou estaduais, ou parques naturais privados, ou em reservas de caça. E, muitas vezes, isso significava que os povos indígenas perdiam o direito de caçar e pescar nesses territórios. Há uma ironia cruel nisso, porque, como já vimos, os povos indígenas que vivem no que hoje chamamos de América do Norte foram os primeiros ambientalistas do continente.

Havia alguns pensadores ecológicos norte-americanos que desde o início defenderam mais do que a ideia de proteger apenas regiões isoladas da paisagem. Alguns foram influenciados por crenças orientais de que toda forma de vida está interligada, ou por sistemas de crenças dos povos indígenas americanos que consideram todos os seres vivos nossos parentes. Em meados do século XIX, Henry David Thoreau, da Nova Inglaterra, escreveu: "A Terra em que piso não é uma massa morta e inerte. É um corpo, tem espírito, é orgânica..." Essa ideia era o exato oposto da imagem que Francis Bacon tinha da Terra como uma máquina sem vida, cujos mistérios poderiam ser dominados e saqueados pela mente humana.

Ideias semelhantes às de Thoreau foram defendidas quase um século depois por outro estadunidense, Aldo Leopold, peça fundamental na segunda onda do ambientalismo. Seu livro, *A Sand County Almanac*, fazia um apelo para que olhássemos para o mundo natural de um jeito que "ampliasse os limites da comunidade para incluir os solos, as águas, as plantas e os animais". Isso mudaria o papel dos seres humanos, de "conquistadores da comunidade da Terra a simples membros e cidadãos dela".

Os escritos de Leopold tiveram uma grande influência no pensamento ecológico, mas, assim como as ideias anteriores de Thoreau, não impediram o progresso galopante da industrialização. Eles não estavam ligados a um grande movimento com apoio da maioria da população. A visão de mundo dominante continuava a enxergar os seres humanos como um exército conquistador, subjugando o mundo natural.

Em 1962, surge uma importante contestação a essa visão. Foi nesse ano em que Rachel Carson, uma cientista e escritora, publicou *Silent Spring*. O livro detalhava o uso generalizado de produtos químicos como o DDT para matar insetos e mostrava os danos que esses inseticidas causavam aos pássaros e muito mais.

DDT sendo aplicado para controlar os mosquitos em Daca, capital de Bangladesh. Este pesticida tóxico foi proibido nos Estados Unidos em 1972, dez anos depois de Rachel Carson ter escrito sobre seus efeitos devastadores na vida silvestre em *Silent Spring*.

O livro de Carson transbordava de raiva contra a indústria química, que usava aviões para borrifar produtos para exterminar insetos, irrefletidamente colocando em risco a vida humana e animal. Seu foco era o DDT, mas ela sabia que o problema não era uma substância química específica. Era um modo de pensar que se baseava no "controle sobre a natureza". Sua obra inspirou uma nova geração de ambientalistas a se enxergar como parte de um frágil ecossistema planetário, uma rede de vida interconectada que não poderíamos controlar sem que toda essa rede entrasse em colapso.

Em parte, graças à grande influência de *Silent Spring*, nessa época mais pessoas começaram a questionar a forma como tratávamos o mundo natural e a ideia básica do extrativismo — de que sempre haveria mais para retirarmos da natureza. Na América do Norte, uma nova forma de organização ambiental ganhou vida. Ao contrário dos conservacionistas cavalheirescos do passado, esses ativistas travavam suas batalhas em público e nos tribunais.

A ERA DE OURO DA LEGISLAÇÃO AMBIENTAL

Um dos novos grupos que surgiram nos anos após a publicação de *Silent Spring* foi o Fundo de Defesa Ambiental (Environmental Defense Fund ou EDF, na sigla em inglês). Um grupo de cientistas e advogados obstinados fundou a organização em 1967. Eles deram ouvidos ao aviso de Rachel Carson e entraram em ação. O EDF moveu a primeira ação judicial que levou os Estados Unidos a proibirem o DDT como inseticida. Depois da proibição, muitas espécies de aves se recuperaram. Uma delas foi a águia-careca, ave símbolo dos Estados Unidos.

Quando os políticos dos dois partidos estadunidenses tiveram acesso a claras evidências de um problema sério que afetava a todos, eles se perguntaram: "O que podemos fazer para impedir isso?" Uma onda de vitórias ambientais veio em seguida.

A primeira lei ambiental a se tornar federal nos Estados Unidos foi a Lei Federal de Controle da Poluição da Água (Federal Water Pollution Control Act), de 1948. Ela foi seguida pela Lei do Ar Limpo (Clean Air Act), de 1963. Depois, vieram a Lei da Vida Selvagem (Wilderness Act), de 1964, a Lei da Qualidade da Água (Water Quality Act), de 1965, a Lei da Qualidade do Ar (Air Quality Act), de 1967, e a Lei dos Rios Selvagens e Panorâmicos (Wild and Scenic Rivers Act), de 1968. Essas leis foram marcos porque estabeleceram o princípio de que o governo tinha tanto o direito quanto a responsabilidade de regular como o país inteiro interagia com o meio ambiente. Essas vitórias parecem quase impossíveis hoje em dia, agora que as corporações e muito mais políticos estão alinhados contra qualquer tipo de controle ou regulamentação do governo.

As leis ambientais também refletem o fato de que o movimento ambientalista tinha objetivos diversos. As leis que limitavam o tipo e a quantidade de resíduos e emissões que poderiam chegar no ar e na água, por exemplo, visavam em grande medida a proteção da saúde humana. As leis da vida selvagem e dos rios, em contraste, tinham como objetivo a preservação de partes do mundo natural.

Vinte e três leis ambientais federais bem diferentes foram aprovadas durante os anos 1970.

Então, em 1980, a Lei do Superfundo (Superfund Act) exigiu que a indústria fizesse uma pequena contribuição financeira com o intuito de limpar áreas industriais perigosamente cheias de poluentes tóxicos — a ampla variedade de substâncias químicas que podem envenenar o solo, a água, o ar e os seres vivos. A Lei do Superfundo estabeleceu um princípio central da justiça climática, o do "poluidor-pagador".

Essas vitórias se estenderam ao Canadá, que também teve sua própria onda de ativismo ambientalista. E, do outro lado do Oceano Atlântico, a comunidade europeia declarou que a proteção ambiental seria prioridade máxima em 1972. Nas décadas seguintes, a Europa liderou a legislação ambiental. Os anos 1970 também trouxeram marcos importantes para a legislação ambiental internacional, incluindo um acordo para proibir o comércio de espécies ameaçadas de extinção, tais como aves raras ou produtos feitos de espécies em risco, tais como chifres de rinoceronte.

A legislação ambiental só foi implementada em muitas partes mais pobres do mundo depois de uma década ou mais. Nesse meio-tempo, as comunidades defendiam a natureza de modo direto. Mulheres na África e na Índia lideraram campanhas criativas contra o desmatamento de florestas. Cidadãos do Brasil, da Colômbia e do México organizaram resistências em larga escala contra usinas nucleares, represas e outros empreendimentos industriais. A isso, seguiu-se o processo de desenvolvimento de leis ambientais mais rígidas nesses países.

Essa era de ouro da legislação ambiental baseou-se em duas ideias simples. Em primeiro lugar, proibir, ou limitar bastante, os materiais ou as atividades que criam o problema. Em segundo lugar, sempre que possível, fazer com que os poluidores paguem para limpar a sujeira que fizeram. Como grande parte do público apoiou essas medidas, o movimento ambientalista conquistou sua maior sequência de vitórias. Mas o sucesso trouxe grandes mudanças ao movimento.

Para muitos grupos, o trabalho do ambientalismo mudou. Com a aprovação de leis que permitiram que os poluidores pudessem ser processados, os ambientalistas mudaram o foco para ações judiciais em vez de organizar protestos e palestras. O que antes havia sido reduzido por alguns a um bando de hippies tornou-se um movimento de advogados e lobistas que passavam o tempo em reuniões com políticos, voando de uma cúpula das Nações Unidas para outra, e fechando negócios com empresas. Muitos ambientalistas orgulhavam-se de serem fontes internas que podiam lidar com líderes políticos e chefes de corporações.

Nos anos 1980, essa cultura das fontes internas provocou uma mudança. Alguns grupos, incluindo o EDF, assumiram uma nova posição em relação às empresas e corporações. Na opinião deles, o "novo ambientalismo" não deveria tentar proibir atividades prejudiciais. Em vez disso, formaria parcerias com os poluidores. Os ambientalistas poderiam, então, persuadir as corporações a mudarem seus hábitos por meio de medidas voluntárias, convencendo os poluidores de que poderiam economizar dinheiro e desenvolver novos produtos tornando-se verdes — ou seja, fazendo com que seus negócios fossem mais ecológicos.

Essa abordagem refletia o pensamento pró-negócios dos Estados Unidos durante o governo de Ronald Reagan, que foi presidente de 1981 a 1989. Essa ideia sustentava que soluções privadas movidas pela motivação de ganhar dinheiro e pelas forças do mercado são melhores do que regras estabelecidas pelo governo.

O movimento ambientalista dominante havia se tornado o Big Green. Ele passou a trabalhar com princípios diferentes daqueles dos ambientalistas das décadas de 1960 e 1970. Os novos princípios eram:

- Não tente proibir produtos tóxicos ou coisas ambientalmente destrutivas.
- Não faça inimizade com líderes empresariais nem com os políticos que eles apoiam.
- Trave batalhas menores. Talvez convencer um poluidor a fazer algumas coisas boas ao lado de coisas ruins, ou mudar para algo um pouco menos pior. Assim, podemos declarar vitória para ambos os lados.

No entanto, nem todos os grupos ambientalistas tornaram-se mais abertos às empresas. Grupos menores e de base, assim como alguns dos grandes, mantiveram o foco na ação direta contra os danos ambientais. Eles continuaram a organizar protestos e a entrar na justiça. Eles incentivaram os consumidores a boicotar — parar de comprar — produtos feitos por empresas poluidoras.

Felizmente, a essa altura, o público, em geral, estava mais familiarizado com o ambientalismo do que a geração anterior. A partir de 1970, os Estados Unidos e muitos outros países passaram a celebrar o Dia da Terra todo mês de abril como "um dia em prol do meio ambiente". As crianças cresceram fazendo trabalhos sobre o Dia da Terra nas escolas — recolhendo lixo dos parques, por exemplo, ou aprendendo sobre os pântanos. As palavras "meio ambiente" e "ecologia" apareciam em cada vez mais debates, salas de aula e novos artigos. Movimentos para salvar as baleias, ou os pandas, ou as florestas tropicais pareciam surgir todas as semanas.

Então, quando as palavras "aquecimento global" e "mudanças climáticas" deram as caras em conversas, notícias e artigos no fim dos anos 1980, muitas pessoas já estavam acostumadas a pensar a respeito dos problemas ambientais. Mas elas não haviam enfrentado nada tão grandioso quanto a crise climática que se aproximava, quando as soluções "favoráveis aos negócios" dos movimentos ambientalistas tradicionais seriam drasticamente insuficientes.

Jovens ambientalistas
para o século XXI

Aldo Leopold e Rachel Carson inspiraram ambientalistas através dos best-sellers que escreveram. Alguns dos jovens ativistas de hoje já escreveram livros, mas também contam com protestos, clubes, redes sociais e a internet para difundir suas mensagens e inspirar as pessoas.

Quando tinha dezessete anos, Jackson Hinkle, de San Clemente, Califórnia, já tomava medidas contra os resíduos plásticos. Ele era surfista, por isso conhecia bem o problema da poluição de plástico no oceano. À medida que aprendia mais sobre as águas e os danos que sofrem, descobriu que as empresas que vendem água engarrafada estão esgotando as fontes locais de água potável de pessoas do mundo inteiro. Ele também descobriu que algumas garrafas plásticas podem representar um risco à saúde, além de se tornarem lixo depois de usadas.

Hinkle organizou uma marcha em seu condado na Califórnia contra o oleoduto Dakota Access, que ameaçava a fonte de água dos Sioux de Standing Rock, na Dakota do Norte. (Veremos mais sobre a história de Standing Rock e dos protestos contra o oleoduto no próximo capítulo.) Hinkle também fundou um clube para fazer campanha contra o desperdício de plástico e para encorajar as pessoas a usarem garrafas reutilizáveis e sustentáveis, de aço inoxidável.

Celeste Tinajero, de Reno, Nevada, também se juntou a um grupo ambientalista. Ela entrou no Eco Warriors no ensino médio, depois da sugestão do irmão mais velho. Os dois então ganharam o primeiro lugar em um concurso patrocinado pela GREENevada. Eles usaram a doação de US$ 12 mil para tornar sua escola mais ecologicamente sustentável, modernizando os banheiros que desperdiçavam água com pias e vasos sanitários antiquados, além de desperdiçarem toalhas de papel. No ano seguinte, a dupla conquistou o segundo lugar no mesmo concurso. Dessa vez, eles usaram o dinheiro para disponibilizar garrafas d'água reutilizáveis para os alunos. Tinajero passou a trabalhar em uma ONG local desenvolvendo programas educacionais sobre a vida sustentável e a redução do desperdício.

Escrever um livro sobre a natureza — junto com os demais alunos da sua turma de terceiro ano do ensino fundamental — fez Delaney Anne Reynolds, de Miami, Flórida, ter contato com o trabalho ambientalista desde cedo. Alguns anos depois, ela ajudou a construir um sistema de energia solar para sua escola. As viagens em família para a praia despertaram seu interesse pelo mar. Ela começou a pesquisar sobre biologia marinha, o que a levou a se interessar pelo aquecimento climático e seus efeitos no oceano — incluindo a elevação dos mares.

Desde então, Reynolds se reuniu com políticos, empresários locais e cientistas do clima para obter informações e discutir soluções. Aos dezessete anos, ela já havia escrito vários outros livros infantis sobre o meio ambiente. Também havia apresentado uma palestra no TEDxYouth, que pode ser vista on-line, e fundado o Sink or Swim Project (Projeto Afundar ou Nadar), que defende educação e ações políticas para evitar que Miami afunde em meio às águas das mudanças climáticas.

"Preciso da ajuda de vocês", diz Reynolds a outros jovens em sua palestra. "Preciso que vocês se envolvam, que falem em alto e bom som, porque chegou a hora da nossa geração resolver esse problema, de mudar velhos hábitos, de se livrar dos combustíveis fósseis, de deixar a política de lado, de inventar novas tecnologias. Chegou a hora da nossa geração decidir se queremos que nosso planeta afunde ou nade."

Esses jovens ativistas do clima, e muitos outros como eles, compartilharam suas mensagens de diversas formas, participando de marchas, se inscrevendo em concursos, até escrevendo livros e criando websites. Suas conquistas mostram que aquilo que começa como um projeto escolar ou um passatempo divertido pode se transformar em uma missão — ou até mesmo uma carreira — que pode ter tanto impacto quanto os ativistas que os precederam.

NÃO ERA DA NATUREZA HUMANA

A revista *Time* não nomeou uma Pessoa do Ano em 1988. A homenagem foi para o "Planeta do Ano: A Terra em perigo". A capa da publicação mostrava um globo amarrado com cordas. Ao fundo, o sol se punha em um céu vermelho-sangue.

"Nem um único indivíduo, nenhum evento, nenhum movimento capturou a imaginação ou dominou as manchetes mais do que o aglomerado de rocha, solo, água e ar que é nosso lar em comum", foi a explicação para a escolha da *Time*.

Trinta anos mais tarde, um jornalista chamado Nathaniel Rich revisitou esse momento em um artigo sobre a crise climática para o *New York Times*. Em 1988, o mundo parecia verdadeiramente entender que a poluição gerada pelos seres humanos estava superaquecendo o planeta de forma perigosa. E os governos estavam caminhando em direção a um acordo global rígido e baseado na ciência para reduzir a emissão de gases do efeito estufa e evitar o pior das mudanças climáticas. A ciência básica das mudanças climáticas passou a ser compreendida e aceita durante a década de 1980.

O ano de 1988 foi um divisor de águas. Foi então que James Hansen, diretor do Instituto Goddard de Estudos Espaciais da NASA, falou diante do Congresso dos Estados Unidos. Hansen disse que tinha "99% de certeza" a respeito de "uma tendência real de aquecimento" ligada à atividade humana. A declaração foi noticiada no mundo inteiro. A partir daí, todos souberam que os seres humanos estavam causando o aquecimento do planeta.

Ao contrário dos dias de hoje, os partidos políticos ainda não haviam se dividido em campos totalmente opostos. Parecia de fato que o terreno estava preparado para que políticos do mundo inteiro se unissem e salvassem o que a *Time* chamou de "Terra em perigo". Na verdade, em 1988, centenas de cientistas e conselheiros políticos se reuniram em Toronto, no Canadá, na histórica Conferência Mundial sobre Mudanças Atmosféricas, na qual falaram pela primeira vez sobre metas para reduzir as emissões. No fim de 1988, o Painel Intergovernamental sobre Mudanças Climáticas da ONU — a principal fonte de informações científicas sobre a ameaça climática — realizou sua primeira sessão.

Quando relembro as notícias sobre o clima em 1988, realmente parece que uma grande mudança estivera a nosso alcance. Agora, porém, vejo aquele ano como um ponto de virada, porque, tragicamente, a chance de mudança nos escapou pelos dedos. Os Estados Unidos abandonaram os acordos climáticos internacionais que tinham ajudado a negociar. O restante do mundo se contentou com regras que não apresentavam penalidades reais caso os países não as cumprissem. Então, como era de se esperar, eles não as cumpriram.

O que aconteceu com a urgência e a determinação que tantas pessoas sentiram em relação às mudanças climáticas no fim dos anos 1980? Em seu artigo de 2018 para o *New York Times*, Rich apresentou uma teoria: "Todos os fatos eram conhecidos e não havia nada nos impedindo. Nada, quer dizer, exceto nós mesmos." Os seres humanos, escreveu, "são incapazes de sacrificar a conveniência do presente para evitar um sofrimento imposto às gerações futuras".

Em outras palavras, as pessoas que se sentem confortáveis hoje não estão dispostas a mudar seu estilo de vida, mesmo que isso prejudique a todos no futuro. Estamos programados, afirmou Rich, para "banir de nossa mente o longo prazo, como se cuspíssemos um veneno".

Essa é a justificativa da "natureza humana" que explica por que os governos falharam de modo tão espetacular em tomar medidas importantes e significativas contra as mudanças climáticas. Ela diz que nós deixamos escapar nossa melhor chance de combater as mudanças climáticas porque os efeitos prejudiciais estavam no futuro e não pareciam tão urgentes quanto nossa necessidade de levar adiante nosso estilo de vida. Essa explicação afirma que, mesmo quando nossa sobrevivência está em jogo, nós não conseguimos lidar com problemas grandes e complicados que exigem que todos nós trabalhemos em conjunto.

Mas a "natureza humana" não é a culpada. Nem todo mundo em 1988 deu de ombros e disse: "Bem, não podemos fazer nada." Líderes políticos de países em desenvolvimento conclamavam ações legalmente obrigatórias, assim como os povos indígenas.

Tudo apontava na direção de um progresso real para impedir as mudanças climáticas em 1988. Então, o que foi que deu errado? Se a natureza humana não é a culpada, o que é?

Um caso épico de timing histórico ruim.

Justo quando os governos estavam começando a levar a sério a definição de limites para o uso de combustíveis fósseis, outra revolução global se intensificou, reorganizando economias e sociedades. Ela se desenvolveu a partir dos princípios que discutimos no capítulo 3 — aqueles que haviam contribuído para que Nova Orleans não estivesse bem preparada para a chegada de um furacão. Os governos e as sociedades que adotam esses princípios geralmente são contra os regulamentos que limitam ou controlam o que as empresas podem fazer. Eles veem o "mercado livre" — a compra e venda de bens e serviços — como a solução para a maioria dos problemas. Uma ideia relacionada é a de que todas as pessoas do mundo deveriam adotar um estilo de vida baseado no consumo rápido, como fast-food, fast fashion, eletrônicos que logo se tornam obsoletos e carros particulares em vez do uso de transporte público e bicicletas. Por mais que saibamos que esse modo de vida produz muito lixo, é considerado bom porque gera lucro e crescimento econômico.

Essa visão acabou por remodelar todas as grandes economias do mundo. Ela entra em conflito com a ciência climática, que nos diz que certas indústrias não regulamentadas aquecem o planeta. Também entra em conflito com a ideia de que os governos deveriam regulamentar essas indústrias e empresas para o bem público. Ainda vai contra a ideia de que todos nós precisamos encontrar formas de viver com menos desperdício.

Para enfrentar o desafio climático, os governos teriam que ter estabelecido regulamentações rígidas sobre poluentes de modo que o fluxo de gases do efeito estufa pudesse ser reduzido. Eles teriam que ter investido em programas de larga escala que ajudassem todos nós a mudarmos o modo como levamos nossas vidas, vivemos nas cidades e nos locomovemos. Mas isso significaria uma batalha direta contra as ideias econômicas que haviam ganhado muita força. Enquanto isso, os países assinaram acordos comerciais que tornaram ilegais ações climáticas sensatas — como dar preferência à indústria verde local ou proibir oleodutos ou outros projetos poluentes — sob a lei internacional porque interferiam nos negócios.

Nosso planeta foi vítima de um timing ruim. No exato momento em que James Hansen apresentou ao mundo evidências claras das mudanças climáticas, as corporações haviam se tornado tão poderosas que os governos se recusaram a fazer o que era necessário para conter o aquecimento.

Em pouco tempo, cientistas e ativistas tiveram que combater mais do que apenas interesses comerciais na luta contra as mudanças climáticas. Eles logo enfrentaram declarações de que o problema nem sequer existia. Essa alegação é chamada de negacionismo climático. Apesar de todas as evidências científicas, algumas pessoas negam que as mudanças climáticas sejam reais.

NEGACIONISTAS E MENTIROSOS

Quando as mudanças climáticas começaram a ganhar a atenção da mídia, os *think tanks* corporativos que haviam promovido a cruzada em prol do mercado livre não regulamentado viram as notícias como uma ameaça aos seus projetos e ideias. Se o *status quo*, baseado na queima de combustíveis fósseis, realmente estivesse nos levando a um ponto de inflexão climática que poderia ameaçar a civilização humana, então essa cruzada teria que ser interrompida de forma brusca. As ideias por trás da busca por mercados livres desregulamentados perderiam força.

Nossa economia global teria que parar de depender de combustíveis fósseis. Atividades poluidoras seriam amplamente proibidas, com multas altas em caso de violações. Novos programas financiados pelo governo seriam criados no mundo inteiro para transformar a indústria, as habitações e os transportes. Investimentos seriam feitos em projetos de energia verde, como fazendas eólicas e trens elétricos, por exemplo, em vez de benefícios como incentivos fiscais para empresas de combustíveis fósseis. Propriedades e serviços que antes eram administrados pelos governos, mas que foram vendidos ou arrendados para a indústria privada, como empresas de serviços públicos, ferrovias e gráficas, talvez voltassem à gestão pública. E o mais ameaçador de tudo para um sistema econômico baseado no mercado: todos nós teríamos que questionar a ideia de que o consumo sem fim é bom para nós e pode ser sustentado para sempre.

A simples ideia das mudanças climáticas aterrorizava algumas pessoas. Elas alegavam que era uma conspiração para "transformar os Estados Unidos em um país socialista". (Não é o caso.) Algumas ainda afirmavam que aqueles que alertavam sobre as mudanças climáticas secretamente desejavam entregar o país à ONU. (Não querem.)

Muitos *think tanks* corporativos não necessariamente acreditavam nessas ideias extremistas, mas decidiram defender a noção central a todas elas: a de que as mudanças climáticas não são reais. Ou, caso o aquecimento global *seja* verídico, disseram, trata-se de um processo natural que nada tem a ver com a atividade humana. Eles promoveram essa mensagem lançando uma enxurrada de livros, artigos e "materiais didáticos" gratuitos para as escolas.

Algumas dessas publicações alegavam que as mudanças climáticas são uma farsa. Outras tentavam encontrar furos na ciência por trás do fenômeno. As evidências do aquecimento global estão erradas, disseram. Às vezes, se concentravam, por exemplo, em cientistas que mudaram suas projeções ao obter novos dados, como se isso significasse que toda a ideia das projeções climáticas estivesse errada. Eles chegavam até a apontar para uma intensa tempestade de neve e diziam: "Viu? O aquecimento global é uma farsa", ignorando o fato de que, apesar do nome, o aquecimento global pode fazer com que tempestades de neve intensas se tornem *mais* comuns.

Alguns cientistas apoiaram essas opiniões, mas trata-se de uma minoria muito pequena. Desde 2019, mais de 97% dos climatologistas de todo o mundo concordam que as mudanças climáticas são reais e que os seres humanos ou estão causando o problema ou o agravam significativamente.

Outras publicações sobre questões climáticas com viés pró-negócios fingiam levar as preocupações a sério, mas adotaram uma abordagem mais suave e amigável para resolvê-las. Talvez você já tenha encontrado esse tipo de abordagem em vídeos ou materiais voltados diretamente para escolas e jovens como você. Essa visão da ciência e da indústria enfrentando de modo pacífico e conjunto os problemas ambientais lhe parece familiar? Seria ótimo se fosse verdade, mas muitas vezes essas soluções envolvem apenas mudanças superficiais.

Esse tipo de solução pouco eficaz às vezes é chamado de *greenwashing*. Um exemplo seria uma companhia de energia que gasta US$ 7 milhões para distribuir folhetos sobre dicas para as famílias economizarem eletricidade — mas ainda obtém 95% dessa energia através da queima de combustíveis fósseis. Isso não significa que as dicas sejam inúteis, mas significa que não são o suficiente para solucionar os problemas maiores.

Em Los Angeles, uma companhia energética pintou seu tanque de armazenamento de petróleo em homenagem ao vigésimo aniversário do **Dia da Terra**, em 1990 — um clássico exemplo de *greenwashing*.

Da mesma maneira, crianças e adolescentes muitas vezes aprendem sobre o ambientalismo não em termos de indústrias e sistemas econômicos inteiros causando as mudanças climáticas, mas em termos de coisas que podem ser feitas a nível individual, como reciclar e usar a bicicleta como meio de transporte em vez do carro. Essas ações são importantes, e todos nós precisamos fazer nossa parte. Mas, a menos que estejam associadas a mudanças maiores, elas não vão atingir os negócios — e, portanto, não causarão um impacto significativo nas mudanças climáticas. Por esse motivo, é uma boa ideia sempre checar as fontes das informações. Elas são confiáveis? Têm um histórico de honestidade? E, talvez o mais importante, a fonte da informação tem algo a ganhar com aquilo que está lhe dizendo?

QUEM SABIA E QUANDO SOUBERAM?
Não importa o que foi dito em público e nas propagandas disseminadas, a portas fechadas os líderes corporativos e os cientistas que trabalhavam para as companhias energéticas sabiam a verdade. De fato, havia ligações entre combustíveis fósseis, emissões de gases estufa e mudanças climáticas. Hoje, sabemos que as companhias energéticas encobriram a verdade e espalharam informações erradas. Em 2015, uma agência de notícias premiada, chamada InsideClimate News, publicou relatórios sobre o que o setor de energia sabia, e desde quando.

A InsideClimate News mostrou que a Exxon Corporation já sabia da ligação entre combustíveis fósseis e mudanças climáticas décadas atrás. (Hoje, a empresa chama-se ExxonMobil. É a maior companhia de petróleo e gás do mundo.) Um cientista da Exxon disse aos executivos da empresa em 1977: "Há um consenso científico de que a maneira mais provável pela qual a humanidade está influenciando o clima global é através da liberação de dióxido de carbono proveniente da queima de combustíveis fósseis." Em outras palavras, o próprio produto da Exxon estava aquecendo o planeta.

Um ano mais tarde, o mesmo cientista escreveu um relatório mais detalhado aos cientistas e gerentes da Exxon.

O texto alertava que mudanças no uso e no planejamento de energia logo se tornariam necessárias.

Em um primeiro momento, a corporação não negou as mudanças climáticas. Em vez disso, a Exxon lançou um programa sério de pesquisas para melhor compreender o fenômeno. Os cientistas da empresa estudaram os efeitos das emissões de dióxido de carbono na atmosfera e no planeta. A Exxon chegou até a abastecer um navio petroleiro com equipamentos científicos para investigar se os oceanos estavam ficando mais quentes graças ao aumento dos gases estufa.

Os cientistas da Exxon também ajudaram a desenvolver novos programas de software para criar modelos das mudanças climáticas. Algumas das pesquisas que a companhia realizou ou financiou chegaram até a ser publicadas em revistas científicas no início dos anos 1980.

Mas duas coisas mudaram a abordagem da Exxon sobre esse problema. Em primeiro lugar, em meados dos anos 1980, os preços do petróleo caíram no mundo inteiro e os lucros da empresa diminuíram. Muitos funcionários foram demitidos, incluindo alguns climatologistas. Em segundo lugar, em 1988, o cientista da NASA James Hansen alertou o Congresso dos Estados Unidos sobre os combustíveis fósseis e as mudanças climáticas. Durante a audiência, o senador Tim Wirth, do Colorado, disse: "O Congresso precisa começar a levar em conta como vamos reduzir ou impedir essa tendência de aquecimento." Isso alarmou o setor de energia. O comentário sugeria que o governo poderia decretar novas regulamentações que afetariam os negócios mais do que qualquer coisa que as empresas pudessem fazer voluntariamente.

De repente, a Exxon, assim como todas as outras grandes companhias energéticas, começaram a dizer que a ciência das mudanças climáticas não era muito clara ou definitiva. Eles argumentaram que seria tolice tomar medidas drásticas sem "mais informações". Em 1997, o presidente da Exxon disse: "Precisamos entender melhor a questão e, felizmente, temos tempo. É altamente improvável que a temperatura em meados do próximo século seja afetada de modo significativo, quer as políticas sejam decretadas agora ou daqui a vinte anos."

Mas as companhias energéticas sabiam que isso não era verdade. Em 1995, uma equipe de cientistas da Mobil escreveu um relatório que foi compartilhado com outras empresas de energia. O texto dizia: "A base científica para o efeito estufa e o possível impacto das emissões humanas de gases do efeito estufa, tais como o CO_2, no clima está bem estabelecida e não pode ser negada."

Ainda assim, as companhias energéticas deram início a um grande esforço para criar, no mínimo, uma cortina de fumaça em relação ao clima, se não um negacionismo climático total. O objetivo era impedir que os governos estabelecessem limites mais rígidos para as emissões de gases estufa ou criassem novas regras para a extração de petróleo, gás natural e carvão no futuro. Ao mesmo tempo, essas empresas se esforçaram para dar um verniz ecológico à sua imagem pública. De 1989 a 2019, as cinco maiores companhias de petróleo do mundo gastaram US$ 3,6 bilhões em anúncios nos quais se vangloriavam de seus esforços para ajudar o meio ambiente. A Exxon, por exemplo, falou que estava comprando energia solar e eólica no Texas. O que a empresa deixou de dizer foi que utilizou essa energia para perfurar o solo em busca de mais petróleo. Apesar de todo o *greenwashing*, as companhias de petróleo continuaram a colocar os lucros na frente das pessoas e do planeta.

Será que algo pode ser feito para controlar a poderosa indústria de combustíveis fósseis? Podemos encontrar uma resposta no que aconteceu com a poderosa indústria do tabaco nos anos 1990. Naquela época, as evidências científicas a respeito do tabaco eram claras: ele é seriamente prejudicial à saúde humana. Mas as evidências mostravam que a indústria já sabia sobre os efeitos nocivos do tabaco, tais como o câncer de pulmão, havia muito mais tempo. As empresas de tabaco haviam encoberto esses fatos porque queriam que as pessoas continuassem fumando ou começassem a fumar para que os empresários pudessem continuar lucrando.

Então o Congresso começou a investigar a indústria do tabaco. A investigação levou a uma regulamentação mais rígida das vendas do produto. Também levou a processos contra as empresas de tabaco, que tiveram que pagar grandes indenizações.

O que aconteceu com as grandes empresas de tabaco também acontecerá com as grandes empresas de combustíveis fósseis? Depois que alguns jornalistas investigativos descobriram documentos a respeito da omissão de conhecimento sobre as mudanças climáticas por parte da indústria do petróleo e do gás, o Congresso passou a investigar essa indústria em outubro de 2019. Um comitê realizou uma audiência para examinar os esforços da indústria do petróleo para omitir a verdade sobre as mudanças climáticas. Um dos membros do comitê, a deputada Alexandria Ocasio-Cortez, questionou um climatologista que trabalhou com a Exxon nos anos 1980 sobre um memorando da empresa de 1982 que tinha vindo à tona. Nele havia uma previsão de que as temperaturas globais aumentariam 1ºC até o ano de 2019 — o que de fato aconteceu. "Nós éramos excelentes cientistas", respondeu o interrogado. Ele sabia que a previsão havia se tornado realidade.

A investigação do Congresso ainda está em andamento, mas uma coisa é certa: a Exxon sabia. E não era a única. A Shell é uma grande multinacional do ramo da energia com sede na Holanda. Em 2020, o diretor disse a um repórter: "Sim, nós sabíamos. Todo mundo sabia. E, de alguma maneira, todos nós ignoramos a situação."

Com ativistas se manifestando sob os dizeres #ExxonKnew [#AExxonSabia], o estado de Nova York processou a empresa, alegando que tinha fornecido a seus investidores informações falsas ou enganosas a respeito dos custos e dos riscos das mudanças climáticas. No fim de 2019, o caso terminou com vitória para a Exxon, mas as batalhas judiciais contra a indústria de energia estavam apenas começando.

"A Exxon sabia sobre as mudanças climáticas desde 1981. Mesmo assim as negou." Esses jovens manifestantes que bradavam "A Exxon sabia", em 2015, também sabiam — que a Exxon havia encoberto a verdade sobre os combustíveis fósseis e as mudanças climáticas.

Exxon, BP, Chevron e outras empresas estão enfrentando dezenas de ações judiciais. Algumas delas acusam as companhias de enganar o público. Outras as acusam de contribuir para os prejuízos que cidades e estados sofreram devido às mudanças climáticas. Algumas ações pedem que as empresas paguem parte dos custos de adaptação às mudanças climáticas, como a construção de quebra-mares em comunidades costeiras ameaçadas pelo aumento das marés.

Pessoas de outros países também estão impondo desafios legais à indústria. Na Holanda, por exemplo, dezessete mil cidadãos entraram na justiça contra a Shell. A questão da extensão dos danos que as companhias energéticas causaram ao ocultar informações, e que preço deveriam pagar por isso, será debatida nos tribunais de todo o mundo durante anos.

Ativistas contra corporações

Enquanto ações judiciais contra as grandes companhias de combustíveis fósseis avançam nos judiciários, os manifestantes não estão esperando de braços cruzados. Estão tomando medidas concretas para chamar a atenção do público para o papel dessas empresas na crise climática.

Em setembro de 2019, ativistas do Greenpeace penduraram faixas de tecido e seus próprios corpos (em arneses de segurança) em uma ponte sobre um canal em Houston, Texas. As faixas em vermelho, laranja e amarelo representavam "o sol se pondo para a era do petróleo", afirmou o Greenpeace.

O canal faz parte de uma importante rota de navegação de navios petroleiros. Cerca de 12% do petróleo que é refinado nos Estados Unidos passa por ali. O bloqueio dos ativistas fechou parte do canal e impediu a passagem de navios durante dezoito horas. Eles deram o recado.

Mas o Texas havia aprovado uma nova lei que tornava ilegais protestos próximos a oleodutos ou a qualquer outro elemento considerado importante para a indústria de gás e petróleo. Mais de dez pessoas foram presas. Vários outros estados aprovaram leis semelhantes para manter os manifestantes em silêncio. Os legisladores costumam alegar que essas leis têm o intuito de proteger os manifestantes, afastando-os de possíveis perigos, como vazamentos de combustíveis. Os ativistas dizem que as leis mostram que os interesses comerciais têm mais peso para alguns governos do que os direitos individuais e a saúde do planeta.

Mas os jovens ativistas são destemidos. Em um jogo de futebol americano entre duas das principais universidades de elite dos Estados Unidos, centenas de alunos e ex-alunos de Harvard e Yale deixaram as arquibancadas para protestar contra o investimento de suas instituições de ensino em combustíveis fósseis. Eles correram em direção ao campo e atrasaram o jogo em uma hora, bradando: "Hey hey! Ho ho! Fossil fuels have got to go!" [Hey hey! Ho ho! Os combustíveis fósseis têm que acabar!]

Alguns meses depois, alunos da Escola de Direito de Harvard fizeram uma manifestação em um evento organizado por um escritório de advocacia que representava a Exxon. Com um cartaz que dizia

"#DropExxon" [#LargueAExxon], os manifestantes incentivaram jovens advogados a seguirem seu exemplo e se recusarem a trabalhar para qualquer empresa que tenha lucrado com corporações responsáveis pela poluição. Assim como muitos outros ativistas de hoje, eles transmitiram o protesto ao vivo pela internet para garantir que suas vozes fossem ouvidas.

Então, na Escócia, no início de janeiro de 2020, o grupo ambientalista Extinction Rebellion conduziu uma série de "ações com foco na indústria de combustíveis fósseis e seu papel proeminente na crise climática". Os manifestantes, incluindo muitos jovens, bloquearam a entrada da sede da Shell em Aberdeen, no que a polícia chamou de um protesto pacífico. Outros manifestantes subiram a bordo de uma plataforma de perfuração de petróleo atracada no porto de Dundee. A estrutura estava programada para ser rebocada a alto-mar para uso da Shell. Mais tarde, sete pessoas se apresentaram na justiça para responder pelas acusações de ocupação da plataforma.

Embora os ativistas da Extinction Rebellion não tenham impedido o transporte da plataforma, eles tiveram a chance de contar aos repórteres dos jornais e da televisão por que achavam que era importante interromper a perfuração de petróleo na Escócia.

Embora grandes manifestações ou ocupações perigosas, de fato, chamem a atenção, elas não são a única maneira de transmitir a mensagem. A maioria dos jovens ativistas se concentra em outras ações igualmente determinadas, como escrever cartas para políticos e representantes, participar de greves estudantis, além de pesquisar e compartilhar informações sobre o clima com seus colegas e familiares. Essas medidas também aumentam a conscientização sobre as mudanças climáticas e inspiram as pessoas a agir. Um estudo de 2019 descobriu que, quando os pais são céticos em relação à seriedade das mudanças climáticas, algumas das pessoas mais propensas a fazê-los mudar de ideia são seus próprios filhos. O ativismo não precisa ser dramático para ser significativo.

UM NOVO LEVANTE

Pensemos novamente naquele ano decisivo de 1988, quando o Congresso dos Estados Unidos ouviu uma declaração a respeito das mudanças climáticas causadas pelo ser humano. Imaginemos que as nações do mundo tivessem então se reunido e tomado medidas concretas para reduzir as emissões dos gases estufa.

A crise climática de hoje seria menos severa. Estaríamos muito mais adiantados no trabalho de prevenção de catástrofes. Agora imaginemos que essas medidas tivessem sido tomadas ainda mais cedo, em 1977, quando um cientista da Exxon conversou pela primeira vez com seus chefes sobre a questão dos combustíveis fósseis e dos gases do efeito estufa.

Graças à poderosa influência das ideias pró-negócios, perdemos décadas inteiras que poderiam ter sido aproveitadas para o trabalho de reduzir as emissões. Poderíamos ter feito com que os piores efeitos futuros das mudanças climáticas fossem muito menos prováveis.

Não podemos mudar isso agora. Essa é a notícia ruim — e você tem o direito de ficar com raiva por isso.

A boa notícia é que ainda há muito que podemos fazer a respeito das mudanças climáticas hoje.

O problema em 1988 não tinha a ver com a "natureza humana", algo que não podemos mudar. Como já vimos, o problema eram as empresas e as políticas governamentais que priorizavam o mercado e o lucro em detrimento das pessoas e do planeta. E isso é, *sim*, algo que podemos questionar, contestar e mudar.

Um movimento jovem e crescente está surgindo nos Estados Unidos e em muitos outros países. Crianças e adolescentes têm feito mais do que dizer não aos poluidores e aos políticos atuais. Eles não estão admitindo *greenwashing*, propaganda enganosa ou negacionismo. Em vez disso, estão planejando e lutando por um futuro melhor. Enquanto as gerações anteriores de ativistas se concentravam nos sintomas dos problemas climáticos e ambientais, a sua está mirando no próprio sistema que valoriza o lucro acima da vida e do futuro do nosso clima.

A mensagem das greves escolares e de outros movimentos juvenis é que muitos jovens estão prontos para esse tipo de mudança profunda. Eles estão clamando por uma nova política e uma nova economia com novos valores, que tome decisões baseadas na justiça e no orçamento mundial de carbono. "Mas isso não é suficiente", como diz Greta Thunberg. "Precisamos de uma forma totalmente nova de pensar. […] Temos que parar de competir uns com os outros. Precisamos começar a cooperar e compartilhar os recursos que restam."

Hoje é diferente de 1988, e não só porque temos décadas de crise climática a mais. É diferente graças à forte insistência de sua geração em exigir mudanças profundas. O movimento jovem pelo clima e outros movimentos juvenis que lutam contra a violência e a discriminação racial e de gênero são forças poderosas que nos empurram em direção a um futuro melhor.

CAPÍTULO 6

Protegendo seus lares – e o planeta

Um cientista de cabelo rosa e expressão séria foi a San Francisco dar uma palestra.

Seu nome era Brad Werner. Ele era pesquisador da Universidade da Califórnia, em San Diego. Era dezembro de 2012, e 24 mil cientistas haviam se reunido para um simpósio. A programação estava repleta de palestras, mas a de Werner havia chamado muita atenção por conta do assunto. Ele ia falar sobre o destino do planeta.

De pé, diante da sala de conferências, Werner conduziu a plateia pelo avançado modelo de computador que ele utilizava para fazer suas previsões. Muitos dos detalhes seriam incompreensíveis para aqueles que não conheciam o tema de pesquisa de Werner, que é a teoria dos sistemas complexos. (A teoria dos sistemas é o estudo de sistemas complicados com muitas partes que interagem entre si. Um exemplo de sistema complexo é o clima, que é a interação de partes como temperatura, correntes de ar, correntes oceânicas, geografia e muito mais.)

O ponto central da apresentação de Werner, porém, era claro. Uma economia global baseada na energia proveniente de combustíveis fósseis, na economia de livre mercado e no consumismo facilitou a exaustão dos recursos da Terra — tanto que o equilíbrio entre os recursos do planeta e os ecossistemas de um lado e o consumo humano do outro está se tornando instável.

Mas uma parte do modelo complexo de Werner oferecia esperança. Ele a chamava de "resistência". Com isso, ele se referia a movimentos de pessoas ou grupos cujas ações não se adequam à cultura econômica dominante. Essas ações podem incluir protestos ambientalistas, bloqueios e levantes em massa de povos indígenas, trabalhadores e outros grupos. A maneira mais provável de desacelerar uma máquina econômica que está perdendo o controle é um movimento de resistência. Isso acrescentaria "atrito", como disse Werner — areia nas engrenagens da máquina.

Werner observou que movimentos sociais do passado mudaram a direção da cultura dominante. O movimento abolicionista acabou com a escravidão. O movimento pelos direitos civis conquistou igualdade perante a lei para a população negra norte-americana. Ao provar aos líderes nacionais que muitas pessoas não apenas apoiavam, mas exigiam mudanças, esses movimentos levaram à aprovação de novas leis que fizeram a mudança acontecer. Werner disse: "Se estamos pensando sobre o futuro da Terra e o futuro de nossa ligação com o meio ambiente, temos que incluir a resistência como parte da dinâmica."

Em outras palavras, apenas os movimentos sociais são capazes de mudar os rumos das mudanças climáticas agora.

Com a urgência cada vez maior da crise climática, esses movimentos têm ganhado velocidade. Os jovens não estão simplesmente juntando-se a eles. Muitas vezes são eles que lideram a luta.

Este capítulo examina de perto os diversos atos de resistência à injustiça e às mudanças climáticas que aconteceram recentemente. Cada um deles envolveu jovens que desejavam proteger seus lares e ajudar a salvar o planeta também. Cada um deles representou um pouquinho de areia nas engrenagens, uma provocação às ideias econômicas e às indústrias movidas a combustíveis fósseis que tanto contribuíram para nossa crise atual. Esses ativistas se impuseram, se posicionaram e testaram o poder da resistência. Eles mapearam alguns dos caminhos que podem nos levar a um melhor futuro climático.

A NAÇÃO HEILTSUK: O DIREITO DE DIZER NÃO

Bella Bella, também conhecida como Waglisla, é uma reserva sancionada pelo governo para a nação Heiltsuk, uma das muitas nações localizadas na costa da Colúmbia Britânica, no Canadá. É uma comunidade insular remota, um lugar de fiordes profundos e florestas verdejantes que se estendem até o mar. Em 2012, somava 1.905 habitantes. Em um dia de abril, cerca de um terço da população foi às ruas. Esse foi o dia em que um conselho de revisão de três pessoas chegou à cidade para realizar uma audiência a respeito de um oleoduto.

A remota cidade insular canadense de **Bella Bella** vive das águas ao seu redor. Quando essas águas foram ameaçadas, a comunidade lutou por elas.

A obra estava sendo feita pela Enbridge, uma empresa canadense que constrói oleodutos e centros de armazenamento de petróleo. O oleoduto em planejamento foi chamado de Northern Gateway. Ele percorreria a parte oeste do Canadá por 1.176 quilômetros a partir de Edmonton, na província vizinha de Alberta, até a costa da Colúmbia Britânica. Na costa, o petróleo extraído das areias betuminosas em Alberta seria recolhido e carregado em navios-tanque oceânicos e enviados para todo o mundo. O oleoduto transportaria 525 mil barris de petróleo por dia.

O conselho de revisão recém-chegado tinha o propósito de dizer ao governo canadense se o plano deveria ou não seguir em frente. O conselho havia passado meses organizando audiências ao longo da rota que o oleoduto e os navios-tanque percorreriam. Agora, seus membros haviam chegado ao fim da linha.

Bella Bella fica a duzentos quilômetros ao sul do ponto em que o Northern Gateway encontraria o mar. Mas as águas do Pacífico, que são parte integral da vida da cidade, estavam no caminho pelo qual esses navios-tanque passariam. Essas águas são repletas de ilhas e recifes rochosos. As águas são turbulentas e cheias de correntezas. E os navios seriam enormes. Eles poderiam transportar petróleo bruto em uma quantidade 75% maior do que o *Exxon Valdez*, petroleiro que causou um desastre ambiental duradouro e generalizado quando derramou petróleo nas águas do Alasca, em 1989.

Os povos Heiltsuk que vivem em Bella Bella preocupavam-se profundamente com a possibilidade de um vazamento em suas águas. E eles estavam prontos para compartilhar essas preocupações com o conselho de revisão.

Uma fileira de líderes Heiltsuk, vestindo as tradicionais túnicas bordadas, máscaras e chapéus de cedro trançado, recebeu os membros do conselho de revisão no aeroporto com uma dança. Percussionistas e cantores os acompanharam. Um grande grupo de manifestantes esperou atrás de uma cerca de arame, erguendo remos de canoa e cartazes contra o oleoduto.

Atrás dos caciques, estava uma mulher de 25 anos chamada Jess Housty. Ela havia ajudado a energizar a comunidade para o encontro com o conselho de revisão. Para Housty, a cena no aeroporto foi "um grande esforço de planejamento conduzido por toda a nossa comunidade". Mas os jovens haviam assumido a dianteira, transformando a escola em um centro de organização. Eles fizeram pesquisas sobre o histórico de derramamento de petróleo de oleodutos e petroleiros. Pintaram cartazes. Escreveram artigos sobre como um vazamento de petróleo em suas águas poderia prejudicar não só o ecossistema, mas também o modo de vida da população. Tanto a cultura milenar dos povos Heiltsuk quanto seus meios de subsistência modernos estão ligados ao ecossistema, especialmente às populações de arenque e salmão-vermelho. Os professores afirmaram que nenhum problema jamais havia engajado os jovens da comunidade tanto quanto a proposta de construção do oleoduto.

"Nossa comunidade", disse Housty mais tarde, "estava preparada para resistir com dignidade e integridade, para ser testemunha das terras e das águas que sustentaram nossos ancestrais — e nos sustentam — e que acreditamos poderem sustentar as gerações futuras."

Ativistas indígenas foram uma parte importante dos esforços para bloquear o oleoduto Northern Gateway do Canadá, como no protesto de 2012 em Victoria, na Colúmbia Britânica.

O alto nível de envolvimento da comunidade fez o que aconteceu em seguida ser ainda mais devastador. O conselho de revisão recusou o convite ao banquete que havia sido planejado para aquela noite. Os membros também cancelaram a audiência a respeito do oleoduto para a qual a comunidade estava se preparando havia meses.

Por quê?

Os visitantes alegaram sentir-se inseguros após o trajeto de cinco minutos do aeroporto até a cidade. Eles haviam passado por centenas de pessoas, incluindo crianças, que erguiam cartazes com os dizeres: PETRÓLEO É MORTE, NÓS TEMOS O DIREITO MORAL DE DIZER NÃO, MANTENHAM NOSSOS OCEANOS AZUIS e EU NÃO POSSO BEBER PETRÓLEO. Um manifestante pensou que os membros do conselho não estavam se dando ao trabalho de olhar pela janela, então deu um tapa na lateral da van enquanto ela passava. Será que eles confundiram o tapa com um tiro, como algumas pessoas disseram mais tarde? A polícia que esteve presente no local, porém, afirmou que o protesto não foi violento. Não houve ameaça à segurança de ninguém.

Muitos dos cidadãos Heiltsuk ficaram chocados com a forma como o espírito de seu protesto havia sido mal interpretado. Eles sentiram que, quando os membros do conselho olharam pelas janelas da van, não viram nada além de um bando de "índios raivosos" que queriam destilar ódio sobre qualquer pessoa que tivesse ligação com o oleoduto. A mensagem da manifestação, no entanto, havia sido principalmente sobre amor — o amor que eles têm pelo seu lar e por toda a sua rede de vida, em uma parte do mundo cuja beleza é de tirar o fôlego.

No fim das contas, a audiência aconteceu, mas a comunidade já havia perdido um dia e meio de seu tempo planejado. Muitas pessoas não tiveram a chance de serem ouvidas pessoalmente.

Ainda assim, Jess Housty — membro eleito mais jovem do Conselho Tribal Heiltsuk — viajou por um dia inteiro até outra cidade para falar diante do conselho de revisão. Sua mensagem era clara:

> *Quando meus filhos nascerem, quero que eles nasçam em um mundo em que a esperança e a transformação sejam possíveis. Quero que nasçam em um mundo em que as histórias ainda têm poder. Quero que cresçam capazes de ser Heiltsuk em todos os sentidos da palavra. Que pratiquem os costumes e compreendam a identidade que fortaleceu nosso povo por centenas de gerações.*
>
> *Isso não pode acontecer se não mantivermos a integridade do nosso território, das terras e das águas, além das práticas de manejo que ligam nosso povo ao meio ambiente. Em nome dos jovens de minha comunidade, discordo respeitosamente da noção de que haja qualquer compensação a ser feita pela perda de nossa identidade, pela perda de nosso direito de ser Heiltsuk.*

Mais de mil pessoas falaram ao conselho de revisão em suas audiências na Colúmbia Britânica. Apenas duas eram a favor do oleoduto. Uma pesquisa mostrou que oito em cada dez pessoas na Colúmbia Britânica não queriam mais petroleiros ao longo da costa.

Então, o que o conselho de revisão recomendou ao governo federal do Canadá? Que a construção do oleoduto deveria prosseguir. Muitos canadenses viram isso como um claro sinal de que a decisão tinha a ver com dinheiro e poder, não com o meio ambiente ou o desejo das pessoas.

O governo aprovou o oleoduto em 2014. No entanto, a Enbridge, empresa que queria construir o Northern Gateway, teria que atender a 209 condições, tais como a criação de planos para proteger o hábitat dos caribus e a participação de membros da nação Heiltsuk e de outros povos indígenas que seriam afetados pelo oleoduto.

Um obstáculo maior para a empresa, porém, foi que muita gente não parou de protestar contra o oleoduto. Povos indígenas de muitos grupos se uniram contra o Northern Gateway, ainda temendo que derramamentos pudessem prejudicar a terra, a vida silvestre e o rio Fraser, bem como as águas costeiras. As preocupações eram plausíveis. O Canada Energy Regulator, órgão público responsável pelo monitoramento de dutos que transportam petróleo ou gás natural liquefeito no Canadá, registrou de 54 a 175 vazamentos, derramamentos ou incêndios todos os anos, de 2008 a 2019.

Organizações ambientalistas, povos indígenas e grupos de cidadãos levaram seus protestos ao tribunal e entraram na justiça para impedir a construção do oleoduto. Os casos foram a julgamento na Colúmbia Britânica e na justiça federal do Canadá. Em 2016, o Tribunal Federal de Recursos anulou a aprovação do governo para as obras do oleoduto. Foi dito que a Enbridge não havia consultado adequadamente os povos indígenas a respeito do projeto.

A luta dos Sioux de Standing Rock, na Dakota do Norte, para proteger suas águas atraiu apoiadores do mundo inteiro, incluindo manifestantes indígenas em Toronto, Canadá.

Por fim, após essa vitória, a empresa parou de lutar pelo oleoduto. Em 2019, disse que não tinha planos de reabrir o projeto do Northern Gateway. Em vez disso, se concentraria em oleodutos menores.

Todo oleoduto representa um risco, como a Enbridge sabe. Em 2010, um grande derramamento de um de seus dutos contaminou 64 quilômetros do rio Kalamazoo, em Michigan, com petróleo pesado de areias betuminosas. A limpeza levou anos e custou mais de um bilhão de dólares. O acordo processual da Enbridge foi firmado em US$ 177 milhões, incluindo multas.

Mas, para a nação Heiltsuk, pelo menos, a ameaça de um novo oleoduto ficou no passado. O povo foi bem-sucedido quando reivindicou seu direito de dizer não.

STANDING ROCK: OS PROTETORES DA ÁGUA

Assim como a história do Northern Gateway, a história de Standing Rock envolve um oleoduto e um protesto.

Embora o protesto tenha crescido e passado a incluir ambientalistas, veteranos do exército, celebridades e pessoas do mundo inteiro, ele teve início com os povos indígenas. Em seu cerne, havia uma tentativa desesperada dos Sioux de Standing Rock, na Dakota do Norte, de proteger suas terras — e especialmente suas águas.

Uma empresa do Texas chamada Energy Transfer queria construir o Dakota Access Pipeline (DAPL) para conectar campos petrolíferos da Dakota do Norte a um centro de armazenamento de petróleo em Illinois. O oleoduto de 1.886 quilômetros seria enterrado no solo. Ele seria perfurado abaixo de centenas de lagos ou hidrovias, incluindo os rios Missouri, Mississippi e Illinois. Com 76 centímetros de largura, o DAPL seria capaz de transportar 570 mil barris de petróleo por dia.

Os riscos dos oleodutos são bem conhecidos. Vazamentos causados por ferrugem ou outros danos espalham petróleo ou gás natural liquefeito no solo ou na água, onde são perigosos ou tóxicos para seres humanos e animais silvestres. Esse tipo de contaminação pode durar anos. E, como são substâncias inflamáveis, incêndios podem ocorrer no local do vazamento ou da falha na tubulação. A Administração de Segurança de Oleodutos e Materiais Perigosos do Departamento de Transporte dos Estados Unidos, que monitora os oleodutos no país, registrou 12.312 incidentes, entre 2000 e 2019. Esses incidentes resultaram em 308 mortos, 1.222 feridos e US$ 9,5 bilhões em prejuízos.

Apesar desses riscos, a Energy Transfer afirmou que o Dakota Access Pipeline seria seguro. Eles disseram que sua construção geraria milhares de empregos de curto prazo e até cinquenta empregos permanentes nos estados de Dakota do Norte, Dakota do Sul, Iowa e Illinois, os quais o oleoduto percorreria.

A princípio, o oleoduto passaria perto de Bismarck, na Dakota do Norte, mas o Corpo de Engenheiros do Exército dos Estados Unidos rejeitou o plano porque temia que vazamentos pudessem contaminar o abastecimento de água da cidade. Um novo plano determinava que o oleoduto percorreria o extremo norte da reserva dos Sioux de Standing Rock, que se estende pela fronteira entre as duas Dakotas.

Então, em vez de ameaçar uma cidade com população majoritariamente branca, o DAPL ameaçaria o lago Oahe, única fonte de água potável dos Sioux de Standing Rock. Seus locais sagrados e culturais também estariam em risco. Isso era racismo ambiental escancarado.

As pessoas protestaram contra o oleoduto em muitos pontos de sua rota, mas o protesto duradouro e determinado em Standing Rock chamou a atenção do mundo. Enquanto equipes de advogados e ambientalistas tentavam bloquear ou atrasar as obras baseando-se na legislação vigente, em abril de 2016, os jovens de Standing Rock deram início à campanha #NoDAPL [Abaixo o DAPL], protestando contra o oleoduto. O grupo pedia que o mundo se juntasse a eles no bloqueio dessa construção.

LaDonna Brave Bull Allard, historiadora oficial da tribo, inaugurou o primeiro acampamento para esse movimento de resistência em suas terras. Ele se chamava Sacred Stone Camp. O slogan do movimento, na língua Lakota, era *Mni wiconi* — "Água é vida". Os manifestantes se descreviam como protetores da água.

As pessoas se reuniam no Sacred Stone e em acampamentos ao redor para organizar seus protestos, mas também para trabalhar, ensinar e aprender. Para os jovens indígenas, os encontros eram uma forma de se conectar mais profundamente com sua própria cultura, de viver na terra, de seguir tradições e cerimônias. Para a população não indígena, era uma chance de desenvolver habilidades e conhecimentos que não tinham.

Brave Bull Allard viu seus netos ensinarem a pessoas não indígenas como cortar madeira. Ela ensinou a centenas de visitantes o que considerava habilidades básicas de sobrevivência: como usar a sálvia como desinfetante natural e como se manter seco e aquecido durante as tempestades violentas da Dakota do Norte. Todo mundo, instruiu ela, precisava de "pelo menos seis lonas".

Quando cheguei a Standing Rock, Brave Bull Allard me disse que havia compreendido que, embora impedir a construção do oleoduto fosse crucial, algo maior estava acontecendo nos acampamentos. As pessoas estavam aprendendo a viver em comunhão com a terra. Habilidades práticas, como cozinhar e servir refeições a milhares de pessoas, eram inspiradoras, mas os participantes também estavam sendo expostos às tradições e cerimônias que seu povo vinha protegendo, apesar de séculos de ataques às culturas indígenas. Estar nos acampamentos significava unir-se em torno de um propósito compartilhado, além de ensinar e de aprender novas maneiras de viver. De seminários sobre não violência a batuques ao redor de uma fogueira sagrada, muito desse conhecimento foi compartilhado com o mundo nos feeds das redes sociais dos visitantes.

A resistência ao oleoduto seguiu em frente, mesmo quando as forças de segurança contratadas pela empresa responsável soltaram cães de guarda contra os protetores da água. Mas, no outono de 2016, as coisas pioraram, quando soldados e a polícia de choque esvaziaram à força um acampamento situado diretamente no caminho do oleoduto. O ataque aos protestos não parou por aí. Um mês mais tarde, em um dia de temperatura congelante, a polícia encharcou os protetores com canhões d'água. Na época, foi o uso mais violento de poder estatal contra manifestantes na história recente dos Estados Unidos.

Então, o governador da Dakota do Norte dobrou a aposta e emitiu ordens para esvaziar totalmente os acampamentos no início de dezembro. O movimento deveria ser esmagado com o uso da força.

Eu e muitas outras pessoas fomos à Dakota do Norte para apoiar os protetores da água. Um comboio com cerca de dois mil veteranos do exército também se juntou à resistência. Eles disseram que haviam jurado servir e defender a Constituição. Depois de verem um vídeo dos protetores indígenas pacíficos sendo brutalmente atacados e atingidos com balas de borracha, spray de pimenta e canhões d'água, esses veteranos decidiram que seu dever era enfrentar o próprio governo que os havia enviado à guerra.

Mesmo encharcados pelos jatos dos canhões d'água da polícia, os manifestantes de Standing Rock mantiveram-se firmes em temperaturas congelantes.

Quando cheguei, a rede de acampamentos havia crescido para cerca de dez mil pessoas. Os participantes viviam em diferentes tipos de tendas. O acampamento principal era uma colmeia de atividades organizadas. Cozinheiros voluntários serviam as refeições. Grupos se juntavam para estudos políticos. Percussionistas se reuniam ao redor de uma fogueira sagrada, alimentando as chamas para que nunca se apagassem. Apesar das ameaças, os manifestantes não iriam a lugar nenhum.

Em 5 de dezembro, após meses de resistência, os protetores da água ficaram sabendo que o governo do presidente Barack Obama havia negado a licença de que a Energy Transfer precisava para passar o oleoduto por baixo do rio Missouri, no lago Oahe — um dos últimos trechos a serem construídos.

Jamais esquecerei a experiência de estar no acampamento principal quando a notícia chegou. Eu estava com Tokata Iron Eyes, uma jovem de treze anos de Standing Rock, que havia ajudado a começar o movimento contra o oleoduto. Liguei a câmera do meu celular e perguntei a ela como se sentia a respeito da novidade. "Como se eu tivesse recuperado meu futuro", respondeu, e então começou a chorar. Eu chorei também.

A batalha parecia ganha — mas estava?

Obama seria presidente por apenas mais algumas semanas. O republicano Donald Trump já havia sido eleito como próximo presidente. Ele era conhecido por ser um aliado da indústria de gás e petróleo, e o principal executivo da Energy Transfer havia feito uma grande doação para sua campanha. Alguns manifestantes temiam que sua vitória lhes fosse tirada, então, permaneceram no acampamento.

Eles estavam certos.

Em janeiro de 2017, Trump reverteu a decisão de Obama. O oleoduto seguiria em frente. No fim de fevereiro, soldados e policiais removeram os manifestantes que resistiram. O DAPL foi concluído. Começou a funcionar em junho. Um relatório do início de 2018 afirmou que houve pelo menos cinco vazamentos ao longo de 2017.

O oleoduto foi construído, mas os Sioux de Standing Rock continuaram a contestá-lo nos tribunais. Em junho de 2020, um juiz federal determinou que, ao autorizar o oleoduto, o Corpo de Engenheiros do Exército dos Estados Unidos havia violado a Lei Nacional de Política Ambiental e não havia relatado adequadamente os possíveis riscos do projeto. O juiz ordenou o fechamento do oleoduto até que uma análise ambiental completa fosse concluída — um processo que pode levar muitos anos. A decisão foi uma vitória suada para os Sioux de Standing Rock e para todos aqueles que se juntaram à campanha #NoDAPL.

Ao mesmo tempo, a pressão por parte do público fez com que os investidores voltassem atrás — retirando cerca de US$ 80 milhões dos bancos que haviam emprestado dinheiro para o projeto DAPL. Os manifestantes que insistem para que bancos e outros credores retirem seus investimentos de projetos de combustíveis fósseis nem sempre conseguem impedi-los, mas desencorajam credores a apoiar empreendimentos futuros. Enquanto isso, os Sioux de Standing Rock têm diversos projetos em andamento para abastecer sua comunidade com energia solar limpa, em vez de usar os combustíveis fósseis que ameaçam suas águas.

Durante aqueles meses em Standing Rock, os protetores da água criaram um modelo de resistência que dizia não e sim. Não para uma ameaça momentânea, mas sim para a construção de um mundo que nós queremos e precisamos.

"Estamos aqui para proteger a Terra e a água", disse LaDonna Brave Bull Allard. "É por isso que ainda estamos vivos. Para fazer exatamente o que estamos fazendo. Para ajudar a humanidade a responder à sua pergunta mais urgente: como podemos viver com a Terra novamente, e não contra ela?"

Uma longa jornada para o futuro

Quando Alice Brown Otter ficou sob os holofotes da cerimônia do Oscar em Hollywood, tinha catorze anos. Quase dois anos antes, em agosto de 2016, ela havia percorrido 2.445 quilômetros, indo da Dakota do Norte até a capital dos Estados Unidos, Washington.

Brown Otter foi uma de cerca de trinta jovens indígenas que correram até a cidade com uma petição assinada por 140 mil pessoas. O documento pedia que o Corpo de Engenheiros do Exército parasse as obras do Dakota Access Pipeline porque um vazamento ou derramamento do oleoduto perto da reserva dos Sioux de Standing Rock contaminaria a única fonte de água da região.

Essa longa corrida não foi o início do ativismo de Brown Otter, e muito menos o fim. Ela explicou:

"É normal que os seres humanos defendam a Terra em que vivem. Na verdade, é uma dádiva estarmos aqui. É apenas uma retribuição." Ela acredita que os jovens devam ter mais voz na tomada de decisões. "Nós vamos ser os próximos adultos."

No início de 2018, um ano após o presidente Trump ter permitido a conclusão do oleoduto, Brown Otter estava entre os dez ativistas convidados para a cerimônia anual do Oscar, em Hollywood. Eles subiram ao palco com os artistas Common e Andra Day, que cantaram a música "Stand Up for Something", do filme *Marshall: Igualdade e justiça*, a história do líder dos direitos civis e juiz da Suprema Corte, Thurgood Marshall.

"Foi muito estressante no início", disse Brown Otter, "mas só de ter um monte de gente no palco com você, lutando por causas diferentes, mas que desejam a mesma coisa — uma mudança real no mundo —, fez dessa uma experiência incrível." Sua experiência mostra que fazer a diferença às vezes significa simplesmente dar um passo de cada vez, sem parar — e mostra que podemos nos surpreender com o caminho pelo qual nossos protestos nos levam.

O CASO *JULIANA*: OS JOVENS VÃO À JUSTIÇA

Será que crianças e adolescentes podem processar o governo dos Estados Unidos por sua inércia contra as mudanças climáticas? Vinte e um jovens fizeram essa pergunta quando deram início à ação judicial pelo clima, *Juliana vs. United States*, em 2015.

Jovens de dez estados entraram com esse processo contra o governo no Tribunal Distrital dos Estados Unidos, em Oregon, lar de onze dos requerentes. O caso leva o nome de um deles, Kelsey Juliana. Os serviços jurídicos foram prestados por um grupo de advogados que apoia a conservação da natureza, a justiça climática e o direito dos jovens à voz nas questões que moldarão seu futuro.

O processo afirmava que o governo sabia havia décadas que a poluição por dióxido de carbono gerada por combustíveis fósseis estava causando "mudanças climáticas catastróficas". Ainda assim, o governo continuou a agravar a situação. Os políticos facilitaram e incentivaram a extração de combustíveis fósseis, inclusive em terras de propriedade pública e administradas por órgãos governamentais.

As ações do governo foram uma violação de direitos garantidos pela Constituição dos Estados Unidos, dizia o processo. Essas ações interferiam no "direito fundamental dos cidadãos de serem livres de ações governamentais que prejudiquem a vida, a liberdade e a propriedade" daqueles jovens. Eles também argumentaram que o governo havia violado seu dever como administrador das terras públicas.

O processo listava os danos e as perdas que cada um dos jovens estava enfrentando por conta das mudanças climáticas. Ele dava provas da interferência humana nas mudanças climáticas e do fato de que o governo tinha conhecimento delas. Uma das requerentes é a neta de James Hansen, o famoso cientista do clima sobre quem falamos no capítulo 5. Ele testemunhou no caso.

O que os jovens queriam? Eles pediram à Corte que tomasse três medidas principais. Primeiro, ordenar ao governo que parasse de violar a Constituição. Segundo, declarar que os planos para um empreendimento de combustíveis fósseis chamado Jordan Cove, na costa de Oregon, eram inconstitucionais e deveriam ser interrompidos. Terceiro, ordenar que o governo preparasse um plano para reduzir as emissões de combustíveis fósseis.

A ação foi movida em agosto de 2015. Então, veio uma longa e complicada série de ataques e contra-ataques judiciais. Ao longo do caminho, os governos de dois presidentes, Barack Obama e Donald Trump, tentaram repetidas vezes fazer com que o caso fosse retirado da justiça.

Não conseguiram. Após diversos atrasos, o julgamento foi finalmente marcado para outubro de 2018. O governo Trump solicitou à Suprema Corte dos Estados Unidos que suspendesse o caso ou o adiasse outra vez, mas a Corte determinou que o caso seguiria adiante. (Aconteceria em um tribunal federal inferior, como planejado, e não diante da Suprema Corte.) Vic Barrett, de Nova York, um dos 21 jovens que haviam entrado com o processo, disse: "Os meus direitos constitucionais e os de meus colegas requerentes estão em jogo neste caso e estou contente de saber que a Suprema Corte dos Estados Unidos concorda que esses direitos devem ser avaliados na justiça. Este processo se torna mais urgente a cada dia, já que as mudanças climáticas nos afetam cada vez mais."

O governo não parou. Mais uma vez, o caso foi adiado. Desta vez, os advogados do governo Trump transferiram o pedido de suspensão ou adiamento para uma corte inferior, o Tribunal de Apelações do Nono Circuito. Esse tribunal emitiu uma ordem denominada "suspensão". O julgamento foi suspenso enquanto três juízes do Nono Circuito ouviam argumentos sobre o prosseguimento ou não do processo.

As idas e vindas legais se estenderam por todo o ano de 2019. Mas o grupo Zero Hour, liderado por jovens ativistas do clima, não perdeu tempo. Eles deram início a uma campanha pedindo que milhares de jovens de todas as partes do país incluíssem seus nomes em um documento "amigo da corte" em apoio aos jovens do caso *Juliana*. Outras organizações e comunidades de ativistas fizeram o mesmo. A corte recebeu quinze documentos do tipo.

Em janeiro de 2020, o comitê de três juízes do Tribunal de Apelações do Nono Circuito tomou sua decisão sobre o prosseguimento do caso. O comitê concordou com os jovens requerentes do caso *Juliana* que as mudanças climáticas são reais. Entretanto, dois dos três juízes determinaram que estava além da alçada de um tribunal federal lhes dar as soluções que buscavam pelas perdas e prejuízos que sofriam com as mudanças climáticas. Sua opinião por escrito dizia: "O comitê relutantemente concluiu que o caso dos requerentes deve ser apresentado às esferas políticas ou ao eleitorado em geral."

Em outras palavras, esses dois juízes disseram aos jovens que levassem o caso ao Congresso, ao presidente ou aos eleitores.

A terceira juíza discordou. Em sua opinião dissidente, escreveu: "É como se um asteroide estivesse vindo à toda em direção à Terra, e o governo decidisse desativar nossas únicas defesas. Ao buscar anular este processo, o governo insiste abertamente em ter o poder absoluto e irrevogável de destruir a nação." Mas a juíza estava em minoria, e o caso foi encerrado.

Na época, Kelsey Juliana tinha 23 anos. Ela e outros requerentes passaram mais de quatro anos insistindo no caso *Juliana*. Ela disse: "É decepcionante saber que esses juízes acham que os tribunais federais são incapazes de proteger a juventude norte-americana, mesmo quando um direito constitucional foi violado." Porém, por mais que esse não tenha demorado tanto a chegar, os jovens e seus advogados não desistiram.

"O caso *Juliana* está longe de acabar", disse um dos principais advogados. "Os jovens requerentes pedirão a todo o tribunal do Nono Circuito que reveja a decisão e suas implicações catastróficas para nossa democracia constitucional."

Os jovens do caso *Juliana* aprenderam que buscar justiça nos tribunais pode ser um caminho longo e sinuoso, mas é por aí que eles e sua equipe jurídica planejam seguir até o fim.

Muitos juristas acreditam que é possível que haja mais ações judiciais pelo clima, especialmente se o presidente e o Congresso continuarem a não fazer nada a respeito das mudanças climáticas. Um professor de história ambiental de Yale disse: "A justiça ainda está descobrindo o papel necessário que talvez precise desempenhar." Só porque um tribunal se recusou a julgar um caso, acrescentou ele, não significa que outros tribunais sempre agirão da mesma maneira.

JUSTIÇA CLIMÁTICA NO TRIBUNAL MUNDIAL

Assim como os requerentes do caso *Juliana*, em maio de 2019 um grupo de ilhéus do Estreito de Torres fez história. Eles entraram com a primeira denúncia legal sobre justiça climática na ONU. As mudanças climáticas estão destruindo sua terra natal, que faz parte da Austrália, e os ilhéus alegam que o governo australiano não tem feito o suficiente para proteger a eles ou à terra.

Os ilhéus do Estreito de Torres são povos indígenas. Isso significa que seus ancestrais foram a população mais antiga de que se tem notícia naquela parte do mundo, assim como as Primeiras Nações e os ameríndios. A maioria dos ilhéus do Estreito de Torres hoje vive na Austrália continental, porém mais de quatro mil deles ainda vivem nas ilhas tradicionais.

Essas ilhas ficam em uma faixa de mar chamada Estreito de Torres, entre o extremo norte da Austrália e outra grande ilha, a Papua-Nova Guiné. Mais de 250 ilhas compõem o estreito. Catorze delas são habitadas.

Algumas das ilhas são topos rochosos de montanhas submersas. Outras, incluindo algumas ilhas habitadas, são feitas de areia de coral de baixa altitude. Muitas não ultrapassam um metro acima do nível do mar. Essas ilhas já têm sofrido os efeitos das mudanças climáticas sobre os quais falamos no capítulo 2. As tempestades tropicais que as atingem têm se tornado mais severas. A elevação dos mares lentamente se aproxima de seus litorais baixos, cobrindo ou erodindo a terra. A água salgada está contaminando a água potável. Mas o prejuízo não se limita à terra ou à água.

"Quando a erosão acontece, e os mares levam a terra embora, é como se parte de nós fosse junto — um pedaço do nosso coração, um pedaço do nosso corpo. É por isso que nos afeta. Não só as ilhas, mas nós, como povo", diz Kabay Tamu, um dos ilhéus que apresentaram a denúncia à ONU. Ele faz parte da sexta geração de sua família a viver na ilha de Warraber. "Temos um local sagrado aqui, ao qual estamos ligados espiritualmente. E desconectar as pessoas da terra, e dos espíritos da terra, é devastador."

O futuro está em risco, afirma Tamu. "A simples ideia de meus netos ou bisnetos serem forçados a ir embora por causa de efeitos que estão fora do nosso alcance é desesperadora. No momento, temos visto o resultado das mudanças climáticas em nossa ilha todos os dias, com a elevação dos mares, o aumento das marés, a erosão da costa e [a inundação] de nossas comunidades." Os ilhéus do Estreito de Torres temem que, caso sejam forçados a se retirar de suas ilhas, sua história, sua cultura e até mesmo sua língua possam se perder.

Os ilhéus do Estreito de Torres são representados em sua ação judicial por um grupo sem fins lucrativos chamado ClientEarth, que se dedica ao direito ambiental. A denúncia que o grupo apresentou ao Comitê de Direitos Humanos das Nações Unidas diz que, ao deixar de reduzir as emissões de gases do efeito estufa e tomar as medidas adequadas para proteger as ilhas, o governo da Austrália violou os direitos da população à vida, à cultura e à liberdade de participação. Como disse o grupo ClientEarth: "A Austrália não está cumprindo suas obrigações legais de direitos humanos para com o povo do Estreito de Torres."

O processo judicial também pedia que o comitê da ONU pedisse à Austrália para reduzir drasticamente as emissões de gases do efeito estufa e eliminar progressivamente o uso de carvão. A Austrália obtém cerca de 79% de sua energia de combustíveis fósseis — carvão, petróleo e gás natural. O país é um grande produtor e exportador de carvão, que emite quantidades maiores de dióxido de carbono na atmosfera em comparação com outros combustíveis, o que leva às mudanças climáticas.

É provável que demore até que o comitê da ONU responda à denúncia dos ilhéus do Estreito de Torres.

Assim como no caso da denúncia apresentada por Greta Thunberg e outros jovens ativistas contra cinco países por suas emissões de gases do efeito estufa, a Organização das Nações Unidas não pode forçar a Austrália a fazer nada, mesmo que a decisão do comitê seja favorável aos habitantes da ilha. Os países-membro devem apenas "levar em consideração" o que os comitês da ONU decidem ou recomendam.

Ainda assim, as ações judiciais na ONU, primeiro pelos ilhéus do Estreito de Torres e depois por Greta Thunberg e outros jovens, trouxeram as mudanças climáticas — e a justiça climática — para os holofotes do mundo. E essas medidas legais são ferramentas que os movimentos e os políticos solidários à causa podem usar para exigir ações significativas.

Não importam as decisões desses casos; eles são um sinal da mudança dos tempos. Eles mostram que as pessoas, incluindo crianças e adolescentes, não vão ficar de braços cruzados enquanto suas terras natais se deterioram e seu futuro se torna cada vez mais sombrio para alimentar o vício do mundo em combustíveis fósseis. As pessoas enfrentaram e se posicionaram diante de companhias energéticas, governos, tribunais e nações do mundo, exigindo mudanças. Outras certamente as seguirão. O clamor por mudanças se tornará mais alto à medida que mais vozes se juntarem a ele, até que a resistência seja tão grande que não possa mais ser ignorada.

Parte Três
O QUE VIRÁ A SEGUIR

CAPÍTULO 7

Mudando o futuro

Você vai conviver com alguns efeitos das mudanças climáticas. Assim como eu. Assim como meu filho. Assim como todo mundo.

Não podemos voltar no tempo e mudar o passado que nos trouxe até aqui — mas podemos mudar o futuro, e não precisamos de uma máquina do tempo para isso.

É impossível evitar por completo as perturbações climáticas. O aumento da temperatura de nosso planeta já está mudando a forma como pessoas, plantas e animais vivem, e isso continuará acontecendo. Mesmo se o mundo inteiro parasse de liberar gases do efeito estufa na atmosfera amanhã, as temperaturas ainda subiriam e o clima continuaria mudando por algum tempo.

A questão diante de todos nós é simples: o *quanto* o clima mudará e a que velocidade? Com quanta perturbação nós — e as gerações posteriores — teremos que conviver?

A resposta depende do que fizermos agora. Se seguirmos os passos de jovens ativistas como os ilhéus do Estreito de Torres, Greta Thunberg e os requerentes do caso *Juliana*, reduziremos em grande medida a quantidade de gases do efeito estufa que liberamos na atmosfera. Isso nos levará a um futuro climático muito mais promissor do que se continuarmos a queimar combustíveis fósseis e derrubar florestas como se não houvesse amanhã. Já sabemos que precisamos mudar tudo. Mas como?

As pessoas já criaram todo tipo de abordagem para solucionar o problema das mudanças climáticas, desde as mais ousadas até as práticas. Algumas dessas abordagens já estão em uso, mas não são suficientes para resolver nossa crise climática sozinhas. Outras abordagens ainda não foram testadas. Algumas são arriscadas. Algumas podem nem sequer ser possíveis. Mas outras já mostraram que podem ser chaves para um futuro melhor.

Nenhuma abordagem será a melhor solução em todos os cenários. Como veremos neste capítulo e no próximo, para resolvermos um problema grande e complexo como as mudanças climáticas globais, temos que fazer uso de uma combinação de diversas ideias e ferramentas. Todas elas começam, porém, com pessoas e seus valores.

SE O CARBONO É O PROBLEMA...

Se o dióxido de carbono está piorando as mudanças climáticas em uma intensidade maior do que outros gases do efeito estufa, que tal concentrar nossos esforços diretamente nele?

Essa abordagem ficou conhecida como captura e armazenamento de carbono (CCS, na sigla em inglês). A ideia básica por trás da CCS é a de que, se o carbono for sugado da atmosfera ou impedido de chegar a ela, podemos colocá-lo em algum lugar seguro, fora do caminho, onde não possa causar nenhum dano.

Existem muitas versões diferentes da CCS. Algumas delas ainda estão em planejamento ou em fase de teste. Outras já estão em uso comercial no mundo inteiro.

A CCS tem duas partes principais. A primeira consiste em capturar o carbono. Uma forma de captura de carbono é através de fontes pontuais. Trata-se de procedimentos de retirada do dióxido de carbono diretamente das fontes produtoras, como as usinas elétricas que queimam combustíveis fósseis, antes que o gás tenha a chance de chegar à atmosfera. Outra forma de captura de carbono é a captura direta pelo ar, ou seja, a retirada do dióxido de carbono da atmosfera geral, utilizando ventiladores que movem o ar através de filtros ou dispositivos químicos. Tanto a captura a partir de fontes pontuais quanto a captura direta pelo ar transformam o CO_2 em um fluxo concentrado que pode ser coletado e contido.

Unidade de captura de carbono em uma mina de carvão nos Estados Unidos.

A segunda parte da CCS envolve decidir o que fazer com o carbono depois de coletado. Uma solução é enterrá-lo e torcer para que não escape e acabe na atmosfera outra vez. Alguns locais de armazenamento de CO_2 são filões ou espaços em minas ou campos de petróleo que ficaram vazios após a extração de carvão, petróleo ou gás natural.

Outra possibilidade é o armazenamento do dióxido de carbono em uma camada subterrânea de rocha. Uma camada de rocha utilizada para armazenamento de carbono deve ter duas características. Em primeiro lugar, precisa ser de um tipo com muitos pequenos orifícios e lacunas para reter o CO_2. Em segundo lugar, precisa ter camadas de outros tipos de rocha mais sólidos por cima. Depois que o CO_2 é bombeado para a rocha mais aberta, a rocha sólida o prende ali.

Esse é o método utilizado no campo de gás de Sleipner, no Mar do Norte, onde uma empresa norueguesa minera gás natural e petróleo de poços desde 1974. Em 1996, a empresa começou a capturar o CO_2 de suas operações e a bombeá-lo para dentro de uma formação rochosa a cerca de um quilômetro abaixo do fundo do mar. Uma rede de muitas dezenas de monitores submarinos ajuda na verificação de vazamentos e alterações. O British Geological Survey, uma das diversas organizações que vem estudando o campo de Sleipner, relata que "até o momento, o CO_2 está confinado com segurança dentro do reservatório de armazenamento". Sleipner é considerado um exemplo bem-sucedido de CCS, com capacidade de reter novas injeções de dióxido de carbono por muitos anos mais.

Um modo diferente de armazenamento poderia envolver tipos de rocha que retêm CO_2. Quando o dióxido de carbono entra em contato com essas rochas, ocorre uma reação química que o transforma em parte da rocha. Em 2013, essa abordagem foi testada no estado de Washington e na Islândia. Os pesquisadores injetaram dióxido de carbono capturado em forma líquida em uma camada subterrânea de basalto, uma rocha vulcânica. A maior parte do carbono se mineralizou — se tornou rocha sólida — em um período de dois anos.

Isso parece promissor, né? Mas o armazenamento de carbono enfrenta um problema. A menos que o CO_2 seja capturado próximo do local em que será injetado de forma segura debaixo do solo, ele precisa ser transportado, às vezes por longas distâncias. Isso pode ser caro e potencialmente perigoso, além de desperdiçar energia no transporte do gás.

O Painel Intergovernamental sobre Mudanças Climáticas da ONU, criado para fornecer aos governos os dados mais completos possíveis sobre a ciência climática, afirmou que a captura e o armazenamento de carbono deveriam desempenhar um papel na redução do dióxido de carbono a um nível aceitável. Mas há vários motivos pelos quais a CCS não chegará perto de ser a única solução. Desde 2019, cerca de trinta milhões de toneladas de dióxido de carbono foram capturadas e armazenadas em todo o mundo a cada ano. Mais de dois terços das unidades de CCS estavam localizadas na América do Norte. Ainda assim, a quantidade total de carbono capturado é uma fração muito pequena do volume necessário para nos manter em dia com a meta do Acordo de Paris para a redução das emissões de carbono.

A tecnologia de captura e armazenamento de carbono também custa muito dinheiro e não gera lucro, que é o objetivo das empresas. As companhias atuam no interesse dos seus lucros. Embora possa haver um mercado para o uso de CO_2 capturado na confecção de certos produtos, as companhias energéticas utilizam a CCS para obter benefícios fiscais de seus países ou para evitar o pagamento de multas por poluição. Para que a CCS tenha um impacto real nas mudanças climáticas, os governos — não apenas as corporações — teriam que fazer investimentos mais pesados na área. A quantidade de atividades de CCS no mundo teria que crescer e muito.

Além do custo, porém, temos a questão da segurança. Alguns cientistas se preocupam com possíveis problemas relacionados ao armazenamento de carbono por longos períodos. O armazenamento de carbono só é usado e estudado há algumas décadas. Será que podemos ter certeza de que o dióxido de carbono enterrado nunca vazará para a água ou para o ar, fazendo com que o problema reapareça no futuro? E se dispararmos CO_2 no solo, estaremos abrindo caminho para movimentos e tremores de terra mais frequentes, possivelmente até mesmo terremotos que liberariam o CO_2 armazenado? Há registros de aumento dos movimentos de terra em áreas nas quais a indústria de combustíveis fósseis utiliza líquidos de alta pressão para empurrar petróleo e gás para fora da Terra, no tipo de extração denominada *fracking*.

Porém, mais do que tudo isso, há uma questão mais profunda em relação à captura de carbono. A CSS é simplesmente parte do sistema que causou o problema, para início de conversa — a indústria de combustíveis fósseis. Construir mais unidades de CCS e movimentar dióxido de carbono exigiria muita mineração e muita energia. De onde viria essa energia? De combustíveis fósseis como aqueles que provavelmente produziram o dióxido de carbono para começar?

Depositar nossas esperanças na CCS pode nos encorajar a continuar usando combustíveis fósseis. Podemos acabar nos dizendo: "Sim, as emissões de dióxido de carbono são ruins, mas isso não tem importância, porque podemos limpar o ar." E esse tipo de pensamento pode diminuir o investimento em fontes de energia renováveis, como a solar e a eólica, que são mais limpas e pronto. A CCS também adia o debate a respeito de quanta energia usamos. Em outras palavras, a CCS não chega à raiz do problema, que é nossa dependência dos combustíveis fósseis, bem como uma mentalidade que nos diz que podemos consumir os recursos da Terra sem nenhum limite. Não basta enterrar os piores subprodutos da crise atual enquanto mantemos o comportamento que causou a crise em primeiro lugar. Deveríamos mudar nossos hábitos para que ninguém enfrente a mesma crise no futuro.

HACKEANDO NOSSO PLANETA

Já morei em uma parte da Colúmbia Britânica, no Canadá, chamada Sunshine Coast. Foi lá que meu filho nasceu. Quando ele tinha apenas três semanas de vida, meu marido e eu estávamos acordados com o bebê às cinco da manhã quando vimos algo extraordinário pela janela. Olhando para o oceano, avistamos duas enormes barbatanas pretas — orcas! E, então, vimos mais duas.

Nós nunca tínhamos visto uma orca naquela parte da costa. Certamente nunca tínhamos visto uma desse jeito, a apenas alguns metros da orla. Ver quatro parecia um milagre, como se o bebê tivesse nos acordado para garantir que não perderíamos essa rara visita.

Mais tarde, descobri que um experimento oceânico bizarro talvez tivesse algo a ver com nossa visão incomum.

Em outra parte da Colúmbia Britânica, um empresário norte-americano chamado Russ George havia despejado no oceano 120 toneladas de sulfato de ferro de um barco de pesca alugado. Sua ideia era que o ferro fertilizaria o oceano e alimentaria as algas, criando uma eflorescência algal — um grande aumento repentino de pequenas plantas que flutuam perto da superfície da água. Sendo plantas, as algas absorveriam o dióxido de carbono do ar. George pensou estar demonstrando uma maneira de capturar o carbono e combater as mudanças climáticas.

Ele afirmou que seu experimento oceânico gerou uma proliferação de algas que chegou a ter metade do tamanho do estado norte-americano de Massachusetts. Atraiu vida marinha de toda a região, incluindo, em suas palavras, baleias "aos montes". As orcas são um tipo de baleia que caça e se alimenta de outros peixes. Será que as orcas que eu vi estavam nadando em direção ao rodízio de frutos do mar que viera se alimentar da proliferação de algas de George? Provavelmente não, mas não pude deixar de pensar nessa possibilidade.

A interferência deliberada em sistemas naturais do nosso planeta é chamada de geoengenharia, que significa "engenharia da Terra". O nome sugere que a Terra é uma máquina que pode ser manipulada para obter os resultados que desejamos.

As pessoas que querem fazer experimentos de geoengenharia dizem que já interferimos nos sistemas da Terra lançando gases do efeito estufa no ar. Por que não utilizar nossos poderes de interferência para corrigir esse erro?

Outros mundos?

Elon Musk é o bilionário fundador da Tesla, uma empresa que constrói carros elétricos, e da SpaceX, uma empresa que lança foguetes no espaço. Em 2018, ele combinou as duas em um teste científico que foi também um golpe publicitário.

A SpaceX precisava lançar algo no espaço para testar seu foguete. O objeto escolhido para o teste foi o Tesla esportivo do próprio Musk. Ele não o dirigiu até o espaço. O banco do motorista foi ocupado por Starman, um manequim vestido com roupa de astronauta. O lançamento foi um sucesso para a SpaceX, e o carro vermelho-vivo de Musk agora orbita o sol.

Um dos motivos pelos quais Musk investiu em viagens espaciais é que ele deseja criar uma colônia em Marte. Em sua opinião, colonizar nosso planeta vizinho é necessário para preservar a raça humana.

Musk teme que a Terra possa se tornar inabitável para os seres humanos em algum momento. As perturbações climáticas podem dominar tudo. Um asteroide pode nos destruir. Uma guerra mundial devastadora pode transformar nosso planeta natal em um deserto. Marte poderia ser nosso plano B. Uma colônia no planeta protegeria nossa espécie da extinção completa. Ou... talvez fosse apenas bacana ir a Marte.

As empresas de Musk estão desenvolvendo uma combinação de foguete e nave espacial que, segundo ele, levará pessoas a Marte para darem início a uma colônia por lá. Enquanto isso, especialistas em ciência planetária dizem que, embora seja razoável pensar no envio seres humanos em missões científicas para Marte em algum momento, seria um desafio e tanto viverem por lá de modo definitivo. Mesmo que os colonos marcianos resolvessem os grandes problemas de abastecimento de ar, água e comida, existe outro perigo sempre presente. Ninguém sabe como nossos corpos resistiriam a uma exposição de longo prazo à radiação do sol, tanto no espaço quanto em Marte, onde a atmosfera é fina demais e não bloqueia muita radiação.

Mas Elon Musk não é o único que olha para as estrelas em busca de uma solução para as mudanças climáticas. Uma ideia ainda mais improvável foi mencionada por Rand Paul, um senador de Kentucky, em janeiro de 2020. Ele sugeriu que deveríamos "começar a criar atmosferas em luas ou planetas adequados".

O processo de tornar outro mundo habitável para os seres humanos é chamado de terraformação. Transformar um mundo alienígena em algo semelhante à Terra é tema de muitas obras de ficção científica, mas, na realidade, é algo muito improvável e talvez até impossível.

Paul poderia estar brincando, mas o triste fato é que ele é um dos muitos políticos que se recusam a aceitar a realidade das mudanças climáticas causadas pelo ser humano. Se eles não acreditam que a atividade humana pode mudar o clima da Terra, como podem acreditar que somos capazes de mudar o clima de outros mundos?

Uma colônia em Marte, ou em alguma outra lua ou planeta "adequado", mesmo se isso fosse possível, jamais abrigaria toda a espécie humana, porque seria absurdamente caro e difícil transportar todos pelo espaço — sem contar todo o ar, a água e os alimentos de que precisaríamos para sobreviver. Na melhor das hipóteses, uma colônia em outro mundo poderia oferecer uma vida difícil para alguns poucos sobreviventes especialmente selecionados.

Enquanto isso, aqui na Terra, o restante de nós pode manter os pés no chão e buscar soluções que sejam de fato possíveis. Precisamos dar continuidade ao trabalho de salvar o único planeta em que sabemos que *podemos* viver.

Os geoengenheiros defendem ações de grandes proporções para amenizar os efeitos do aquecimento global. Além de projetos para fertilizar o oceano, eles desenvolveram ideias para reduzir a quantidade de luz solar que atinge a Terra. Algumas dessas ideias, tais como espelhos espaciais que refletem a luz do sol para longe do planeta, são do reino da ficção científica e pouco práticas. No entanto, muito mais atenção tem sido dada à ideia de copiar certas erupções vulcânicas.

A maioria das erupções vulcânicas manda cinzas e gases para a baixa atmosfera. Os gases incluem uma substância chamada dióxido de enxofre. Ele se mistura com o vapor d'água no ar e forma o ácido sulfúrico. Esse ácido ganha a forma de um aerossol, uma névoa de minúsculas gotículas. Elas simplesmente caem na Terra. De vez em quando, porém, uma erupção manda uma grande quantidade de dióxido de enxofre para camadas muito mais altas da atmosfera. Em questão de semanas, as correntes de ar transportam aerossóis por todo o planeta.

As gotículas atuam como pequenos espelhos, impedindo que todo o calor do sol alcance a superfície da Terra. Como resultado, as temperaturas caem. Se uma erupção desse tipo acontece nos trópicos, os aerossóis podem permanecer na alta atmosfera por um período de um a dois anos, e o esfriamento global causado pode durar ainda mais.

GEOENGENHARIA

Projetos de geoengenharia, como (da esquerda para a direita) colocar espelhos em órbita para impedir que a luz solar alcance a Terra, enviar produtos químicos à atmosfera para criar nuvens artificiais e construir filtros gigantes para retirar os gases do efeito estufa do ar. A quem cabe decidir se os benefícios desse tipo de projeto superam os riscos?

O monte Pinatubo, nas Filipinas, teve uma erupção semelhante em 1991, enchendo a alta atmosfera com aerossóis. No ano seguinte à erupção, as temperaturas globais caíram 0,5°C. Alguns cientistas acreditam que, se pudéssemos encontrar uma maneira de reproduzir por meio da tecnologia o que algumas erupções fazem naturalmente, poderíamos forçar a redução da temperatura da Terra e combater o aquecimento global.

O que poderia dar errado? Bem, os riscos da geoengenharia são enormes.

O céu azul poderia se tornar coisa do passado. Dependendo do método utilizado para bloquear o sol e do nível de intensidade desse bloqueio, uma névoa permanente poderia cobrir a Terra. À noite, os astrônomos teriam dificuldade de ver as estrelas e os planetas com clareza. De dia, a luz solar mais fraca poderia dificultar a produção de energia limpa a partir da energia solar. Trata-se de uma séria desvantagem, porque a energia solar limpa e renovável é um caminho óbvio para nos livrarmos dos gases do efeito estufa.

É provável que copiar os efeitos de grandes erupções vulcânicas também mudasse os padrões do clima e das chuvas, com resultados potencialmente desiguais. Dependendo da utilização desse tipo de geoengenharia, estudos previram que as chuvas sazonais na Ásia e na África poderiam ser afetadas, provocando secas em alguns dos países mais pobres do mundo. A geoengenharia, em outras palavras, poderia pôr em risco as fontes de água e alimentos de bilhões de pessoas. As mudanças climáticas em si já nos ensinaram que, uma vez que mudamos a atmosfera de nosso planeta, muitas coisas inesperadas podem acontecer.

Que tal então, em vez disso, fertilizar o oceano — como fez Russ George na Colúmbia Britânica? Esse tipo de geoengenharia pode tornar o mar verde, mas talvez faça coisas piores do que isso. Nós já sabemos que fertilizantes e resíduos de animais que correm para o oceano costumam resultar em "zonas mortas". Trata-se de trechos de oceano em que não há oxigênio o suficiente na água para sustentar a vida.

Fertilizantes e resíduos alimentam a proliferação das algas, como aquela que Russ George criou na costa da Colúmbia Britânica. As algas consomem dióxido de carbono e liberam oxigênio — o que parece ótimo, a princípio. Mas o problema vem dos trilhões de criaturas oceânicas minúsculas e dos peixes que se aglomeram para se alimentar daquelas algas. Eles liberam seus próprios resíduos na água. Esse resíduo se decompõe, junto com as algas que morrem. O processo de decomposição, por sua vez, absorve mais oxigênio do que as algas liberaram anteriormente. O resultado é uma área marinha que não pode mais abrigar muitas formas de vida oceânica. Fertilizar o oceano pode causar mais danos ao meio ambiente do que ajudá-lo.

A geoengenharia — ou *geohacking*, como alguns a chamam — também levanta questões de justiça. Governos, universidades e investidores ou companhias privadas agora falam sobre pesquisar ou regulamentar uma série de projetos de geoengenharia. Em grande escala, alguns desses projetos podem afetar o mundo inteiro.

A quem cabe decidir se devemos ou não despejar grandes quantidades de fertilizantes no mar ou disparar aerossóis no céu? Será que todos aqueles que podem ser afetados terão direito a votar? O que acontece se alguns países, ou um país, ou um único geoengenheiro trapaceiro decidir seguir em frente?

Apesar desses riscos e desvantagens, os pesquisadores estão trabalhando em planos para testar diversos projetos de geoengenharia. Mas não seria melhor mudar nosso comportamento e reduzir o uso de combustíveis fósseis *antes* de começarmos a mexer nos sistemas básicos de suporte à vida de nosso planeta?

Reduzir os combustíveis fósseis e diminuir nossas emissões de gases do efeito estufa são coisas que sabemos ser eficazes. Pode parecer avassalador para alguns, porque, para fazermos isso de modo eficaz, precisamos mesmo mudar tudo. Mas será que não é menos avassalador do que as mudanças que certamente acontecerão se deixarmos de tomar medidas bem pensadas contra as mudanças climáticas? Lembre-se também de que fazer uma grande mudança em nosso modo de agir é nossa oportunidade de criar um mundo mais justo para todas as pessoas e um ambiente mais saudável para as criaturas da terra, do mar e do ar de nosso planeta.

Essa é uma mudança que vale a pena ser feita, e o restante deste capítulo mostra como algumas pessoas já estão nesse caminho. Ao transformar desastres em pontapés iniciais para um estilo de vida contra as mudanças climáticas, elas estão testando as ferramentas que qualquer um pode usar e que você e sua geração podem tornar ainda melhores.

UMA INVENÇÃO ANTIGA DA NATUREZA

Há uma forma de captura e armazenamento de carbono que é fácil de fazer, não requer tecnologias caras e oferece benefícios além da limpeza do ar.

É uma invenção antiga da natureza chamada árvore.

Um artigo de 2019 da revista *Science* descreveu a "restauração de árvores" em escala global como uma das melhores maneiras de limitar as mudanças climáticas. O artigo argumenta que, plantando árvores em 2,2 bilhões de acres (0,9 bilhão de hectares, ou um pouco menos do que a área total dos Estados Unidos) da superfície da Terra — sem incluir as cidades, fazendas e florestas que já existem —, a área florestal de nosso planeta aumentaria em 25%. Depois de adultas, essas árvores extras poderiam absorver e armazenar um quarto do carbono na atmosfera.

Mas há uma questão. Se não agirmos logo, as mudanças climáticas tornarão partes da superfície da Terra quentes, secas ou alagadas demais para o cultivo de florestas.

Outros cientistas questionaram algumas das afirmações do artigo, mas a ideia geral é válida. As árvores são uma arma poderosa contra os gases do efeito estufa.

Assim como Greta Thunberg, o autor Philip Pullman e muitos outros ativistas, artistas e cientistas, eu assinei uma carta sobre os benefícios que as árvores e outras plantas podem trazer ao clima, publicada na internet em 2019. Você pode ler o texto no fim deste livro, sob o título "Uma solução natural para o desastre climático". Na carta, fizemos um apelo para que os governos do mundo trabalhassem com as comunidades locais em "uma abordagem importante, mas muitas vezes negligenciada, para evitar o caos climático e, ao mesmo tempo, defender o mundo natural".

Os ecossistemas são as ferramentas naturais de nosso planeta para retirar o excesso de carbono do ar, porque as plantas de cada um deles absorvem CO_2 e liberam oxigênio. Não apenas florestas, mas também pântanos, pastos, manguezais e até fundos do mar naturais removem e armazenam carbono. Eles também abrigam muitos dos seres vivos que compartilham o planeta conosco e agora enfrentam extinção em massa por conta de nossas atividades. Nosso objetivo deveria ser proteger, restaurar e cultivar esses ecossistemas vitais enquanto trabalhamos para tornar nossas indústrias e nosso estilo de vida menos dependentes do carbono.

Isso é algo que podemos fazer agora. Seria maravilhoso se o mundo se juntasse em um grande projeto de plantação de árvores, mas até que isso aconteça, podemos agir por conta própria, em qualquer pedaço de terra a que tivermos acesso. As árvores são lares para aves e insetos, fontes de alimento (certos tipos de árvores, pelo menos) e símbolos da crença no futuro, porque demoram um bom tempo para crescer. Plantar e cultivar mesmo uma única árvore significa dizer: "Eu também acredito nesse futuro."

ILUMINANDO O CAMINHO

Um poderoso furacão atingiu Porto Rico em setembro de 2017. O furacão Maria castigou a ilha caribenha, que é um território dos Estados Unidos, com ventos fortes e chuvas intensas. Depois que a fúria da tempestade perdeu força, as pessoas deixaram suas casas para avaliar os danos.

Na pequena cidade montanhosa de Adjuntas, a população ficou sem água e energia elétrica. O mesmo se deu em todo o país. Mas Adjuntas ficou também totalmente isolada do restante da ilha. Todas as estradas foram bloqueadas por deslizamentos de terra vindos dos picos das montanhas ou por emaranhados de árvores e galhos caídos.

No entanto, havia um ponto luminoso em Adjuntas. Perto da praça principal, uma grande casa rosa tinha luz saindo de todas as suas janelas. A construção brilhava como um farol na aterrorizante escuridão.

O que vi em Porto Rico após o furacão me fez lembrar, de muitas maneiras, do que vi em Nova Orleans depois do furacão Katrina. Mas uma parte da ilha, aquela casa rosa iluminada, parecia muito diferente. Logo descobri que algo novo e cheio de esperança estava acontecendo ali.

Aquela casa era a Casa Pueblo, um centro comunitário e a sede de um grupo ambientalista. Vinte anos antes, uma família de cientistas e engenheiros havia fundado aquele lugar. No telhado havia painéis solares, que capturam a energia do sol e a transformam em eletricidade. Na época em que foram instalados, os painéis solares talvez tivessem parecido uma solução futurística ou estranha. Mas, ao longo dos anos, a casa foi atualizando seus painéis e fazendo uso da abundante luz solar da ilha.

Ao contrário dos postes elétricos que estavam caídos por toda a ilha, esses painéis solares haviam conseguido, de alguma maneira, resistir aos ventos e à queda de árvores do furacão Maria. No mar de escuridão após a tempestade, a Casa Pueblo era o único lugar com energia elétrica em um raio de quilômetros.

Pessoas de todas as regiões nas montanhas próximas de Adjuntas dirigiram-se até aquela luz quente e acolhe-

Os painéis solares no telhado da Casa Pueblo fizeram da construção cor-de-rosa um farol na escuridão depois que o furacão Maria devastou Porto Rico.

dora. Levaria semanas até que os órgãos oficiais de ajuda humanitária chegassem com auxílio, portanto, a comunidade organizou seus próprios esforços. A casa rosa logo se tornou o centro de operações. As pessoas reuniam água e alimentos, lonas para abrigos temporários e motosserras para limpar as ruas. Utilizavam o suprimento inestimável de energia solar para carregar seus celulares.

A Casa Pueblo também se tornou um hospital de campanha emergencial. Idosos que precisavam de energia elétrica para carregar seus respiradores enchiam os cômodos arejados. Graças aos painéis solares, a estação central de rádio pôde continuar funcionando. A tempestade havia derrubado cabos de energia e torres de celular, o que tornou a estação a única fonte de informação da comunidade.

Cheguei a Porto Rico quando esses esforços já estavam funcionando havia alguns meses. Tinha ido ver como esse território norte-americano estava lidando com o desastre. Visitei a costa sul da ilha, lar de muitas indústrias do país. A população de lá havia sofrido bastante com o furacão Maria. Os bairros de baixa altitude foram inundados. As pessoas temiam que a tempestade tivesse espalhado produtos químicos tóxicos de usinas elétricas e outras indústrias locais. E, por mais que a área tivesse duas das maiores fontes de energia elétrica da ilha, muitas pessoas ainda estavam vivendo no escuro.

Mais tarde naquele dia, o clima desolador mudou conforme subíamos as montanhas para a Casa Pueblo.

Fomos recebidos de portas abertas. Bebemos café da plantação do próprio centro, administrada pela comunidade. No alto, a chuva tamborilava nos preciosos painéis solares. Era como atravessar um portal para outro mundo — um Porto Rico em que tudo funcionava e o clima era de esperança.

Agora, aqueles painéis solares não pareciam nem um pouco ridículos. Na verdade, pareciam ser a melhor chance de sobrevivência em um futuro que certamente trará mais eventos climáticos drásticos como o furacão Maria — uma tempestade que havia sido potencializada pelas mudanças climáticas.

A BATALHA PELO PARAÍSO

O aumento das temperaturas decorrente do aquecimento global tornou o furacão Maria ainda mais poderoso, mas muito antes da chegada desses ventos violentos, Porto Rico já tinha outros problemas.

Porto Rico não é um estado. É uma colônia dos Estados Unidos. Isso significa que seu povo não tem os mesmos direitos dos outros cidadãos norte-americanos. Eles não podem votar nas eleições federais e o governo federal geralmente trata a ilha como uma fonte de renda para o continente.

Além disso, por ser uma colônia, Porto Rico não desenvolveu sua própria economia. A ilha importa 85% de seus alimentos, embora tenha um dos solos mais férteis do mundo. Antes do Maria, também obtinha 98% de sua energia de combustíveis fósseis importados, embora tenha sol, vento e ondas que poderiam fornecer bastante energia barata, limpa e renovável. A economia de Porto Rico foi construída de muitas outras maneiras para servir a outros e, por esse motivo, acumulou grandes dívidas com uma série de credores fora da ilha.

Em 2016, um novo capítulo dos problemas da ilha se iniciou quando uma lei norte-americana criou um programa que trouxe ainda mais sofrimento econômico. A lei afirmava que tornaria a dívida de Porto Rico mais administrável e aceleraria projetos de infraestrutura e desenvolvimento na ilha. Na realidade, ela atacou os alicerces que mantinham a sociedade porto-riquenha de pé: educação, saúde, sistemas de eletricidade e água, redes de comunicação e mais — tudo para reduzir custos e pagar os credores.

Não é de surpreender que a lei não tenha ajudado os porto-riquenhos. Ela colocou um conselho de administradores não eleitos para supervisionar a economia do território. Para liberar fundos a fim de pagar as dívidas de Porto Rico, esse conselho aprovou um plano de austeridade que fez cortes no orçamento de serviços públicos. O programa econômico simplesmente agravou a situação já ruim da ilha. Aí veio o furacão Maria.

A tempestade foi tão poderosa que teria feito até as sociedades mais robustas sofrerem abalos. Porto Rico não sofreu simples abalos. Entrou em colapso.

Cerca de três mil pessoas perderam a vida por conta do furacão Maria. Algumas desapareceram com as águas e os ventos violentos. A maioria das mortes, porém, aconteceu depois. As pessoas não conseguiam ligar equipamentos médicos quando passaram meses sem energia elétrica. Algumas não tiveram opção a não ser beber água contaminada. As redes de saúde não tinham remédios para tratar as doenças. Essas tragédias mostraram como todos os níveis de governo encarregados de proteger os porto-riquenhos, localmente e na capital dos Estados Unidos, Washington, não haviam conseguido implementar sistemas sólidos de fornecimento de serviços essenciais em situações de emergência.

O furacão Katrina havia exposto as mesmas falhas na preparação para emergências e na resposta a desastres em Nova Orleans. E agora, em Porto Rico, problemas semelhantes se desenrolaram muito depois do desastre em si.

Além de estraçalhar a infraestrutura da ilha, o furacão Maria prejudicou as linhas de abastecimento de alimentos e combustíveis. E, assim como havia acontecido após o Katrina, em Nova Orleans, doze anos antes, os esforços federais de auxílio emergencial falharam terrivelmente em Porto Rico. Um contrato de fornecimento de trinta milhões de refeições para Porto Rico foi parar nas mãos de uma empresa do estado de Geórgia com um histórico de falência e uma única pessoa na equipe. Uma companhia energética de Montana com apenas dois funcionários (e ligações com o secretário do Interior dos Estados Unidos) recebeu um contrato de trezentos milhões de dólares para ajudar a reconstruir a rede de energia. Mais tarde, esses contratos foram cancelados, e graças a esses e outros fracassos, o fornecimento de alimentos e materiais para os reparos elétricos de que as pessoas necessitavam desesperadamente ficaram meses parados em depósitos.

Assim, muito depois da tempestade, os cidadãos porto-riquenhos comuns ainda viviam à base de lanternas e lutavam contra a depressão e a miséria porque, mais uma vez, o governo havia se aproveitado de um desastre para distribuir contratos corporativos.

Assim como o furacão Katrina em Nova Orleans, a catástrofe do Maria foi mais do que um desastre natural. Foi uma tempestade potencializada pelas mudanças climáticas que atingiu uma sociedade deliberadamente enfraquecida por decisões governamentais. Essas decisões deram mais peso ao pagamento de dívidas do que ao bem-estar do povo e de suas comunidades.

A ajuda humanitária tardia e insuficiente após a tempestade mostrou como aqueles que estavam no poder davam pouco valor às vidas de americanos que são, em sua maioria, pobres, falantes de espanhol e descendentes de escravos e povos indígenas. Comunidades na Flórida e no Texas, no entanto, receberam auxílio mais depressa e em maior quantidade depois de furacões devastadores parecidos naquele ano.

Mas, embora a história do furacão Maria pareça ser apenas mais um ciclo infelizmente familiar de negligência, crise e capitalismo de desastre, há esperança. Após o Maria, Porto Rico tornou-se mais do que um cenário de desastre. Também tornou-se um campo de batalha de ideias. De um lado estavam os capitalistas de desastre de sempre, tratando Porto Rico do mesmo jeito que haviam tratado Nova Orleans. Do outro lado, estavam os porto-riquenhos lutando para sobreviver, mas também fazendo as coisas de um modo diferente.

A Casa Pueblo, a luz na escuridão após a tempestade, mostra um caminho que pode levar os porto-riquenhos — e outras pessoas ao redor do mundo — a um futuro mais seguro.

Lutando por corações e mentes

Para uma ativista de Bayamón, Porto Rico, a paixão pelo meio ambiente começou bem cedo. Amira C. Odeh Quiñones se lembra de ter mergulhado em um recife de corais quando tinha seis anos. Aos doze, segundo ela, o lugar "não existia mais".

Odeh Quiñones tinha vinte e poucos anos em 2017, quando o furacão Maria atingiu Porto Rico. "Eu vi toda a destruição e toda a nossa dependência das importações, porque quando os portos se fecharam por alguns dias, ficamos sem comida", diz ela. "As ruas pelas quais andei por toda a minha vida ficaram irreconhecíveis. Foi assustador ver que, dia após dia, nada melhorava."

Para se concentrar na justiça climática e social após o Maria, Odeh Quiñones organizou uma filial do 350.org, um grupo que se descreve como "um movimento internacional de pessoas comuns que trabalham para dar fim à era dos combustíveis fósseis e construir um mundo liderado pelas comunidades e baseado em energia renovável para todos". (Fiz parte do conselho de diretores do grupo durante muitos anos.) Além disso, o trabalho ambientalista de Quiñones incluiu uma campanha bem-sucedida para impedir a venda de água engarrafada no campus da Universidade de Porto Rico.

Além da questão das mudanças climáticas, Odeh Quiñones quer ver justiça para a população de Porto Rico enquanto a ilha luta para se recuperar do furacão Maria. Os danos duradouros da tempestade, ela observa, arruinaram vidas. "As comunidades costeiras ou as cidades montanhosas ainda têm milhares de casas destruídas", diz. "Não é só a infraestrutura que foi destruída, mas também as famílias. [...] Não houve nenhum esforço para recuperar mentes e corações."

A tomada de decisões sobre o futuro de Porto Rico, afirma Odeh Quiñones, deve incluir todo o seu povo. "As comunidades devem estar presentes nesse debate, porque qualquer política que for decidida será essencial para nossa sobrevivência." Ela tem razão. É mais provável que as soluções sejam aceitas

> e funcionem quando a população que vai conviver com elas tem a chance de ajudar a moldá-las, em vez de ouvir pessoas de cima ou de fora dizerem o que deve ser feito. Seja na sequência de um furacão ou diante das mudanças climáticas, os mais afetados precisam ser ouvidos.

APRENDENDO COM A CASA PUEBLO

Em um passeio pela Casa Pueblo, vi a estação de rádio e o cinema movidos a luz solar que foram inaugurados após a tempestade. Havia um borboletário e uma loja que vendia artesanato local, além do famoso café da Casa Pueblo. As fotos na parede mostram cenas da escola da floresta, onde o centro dá aulas ao ar livre. Também mostram um protesto em Washington que havia interrompido um projeto de construção de um gasoduto nas montanhas perto da Casa Pueblo.

Arturo Massol-Deyá, biólogo e presidente do conselho de diretores da Casa Pueblo, me disse que o furacão mudou sua visão do que era possível. Durante anos, ele se esforçou para que Porto Rico obtivesse mais energia de fontes renováveis, como painéis solares e turbinas eólicas. Com a dependência da ilha de combustíveis fósseis importados, além de algumas poucas estações de produção de energia centralizadas, ele havia alertado que uma grande tempestade poderia derrubar toda a rede elétrica.

E então isso aconteceu.

Agora, após a tempestade, todos entenderam os riscos dos quais Massol-Deyá tanto falava. O colapso do velho sistema estava ajudando o diretor da Casa Pueblo a defender o uso de energias renováveis. Mas até mesmo os painéis solares e as turbinas eólicas podem sofrer danos em tempestades. Isso pode ser um problema se a energia vier de grandes parques eólicos e solares centrais que transportam eletricidade para longas distâncias por cabos que podem ser derrubados por ventos fortes. Em vez disso, como as pessoas começaram a entender, um sistema de pequenos sistemas comunitários de energia, como o da Casa Pueblo, pode produzir eletricidade no mesmo lugar em que ela é utilizada.

Para divulgar os benefícios da energia solar, a Casa Pueblo distribuiu catorze mil lanternas solares depois da tempestade. Essas pequenas caixas ficam do lado de fora durante o dia, absorvendo e armazenando a energia solar. À noite, elas iluminam todo o entorno.

O centro também distribuiu geladeiras movidas a energia solar para as casas que ainda estavam sem eletricidade meses após a tempestade. A Casa Pueblo deu início a uma campanha que exige que metade da energia de Porto Rico venha do sol.

Vários porto-riquenhos com quem conversei chamavam o furacão Maria de "nosso professor". A tempestade ensinou às pessoas o que não funcionava. Também lhes ensinou o que *de fato* funcionava — não apenas painéis solares, mas também pequenas fazendas orgânicas que faziam uso de métodos agrícolas tradicionais, que resistiam a enchentes e a ventos fortes melhor do que a agricultura industrial moderna. E, ao contrário dos alimentos importados, os produtos das fazendas locais estavam disponíveis mesmo quando o transporte de longas distâncias foi interrompido.

Da noite para o dia, todos foram capazes de ver como era perigoso para aquela ilha fértil ter perdido o controle de seu sistema agrícola. Mas, nas comunidades que ainda tinham fazendas tradicionais, as pessoas também puderam constatar que o antigo método agrícola ecologicamente correto não era uma relíquia exótica do passado. Era uma ferramenta essencial para sobreviver no futuro.

A tempestade mostrou a importância de manter relacionamentos profundos com a comunidade, incluindo os laços com porto-riquenhos que viviam fora da ilha. Enquanto o governo seguia deixando a desejar, as pessoas conseguiram prover ajuda vital umas às outras.

Após o Maria, dezenas de organizações porto-riquenhas se uniram para exigir mudanças. Sob os dizeres *Junte Gente*, elas pedem uma guinada justa e equitativa em direção a uma economia reconstruída no futuro. Elas querem uma economia baseada nas comunidades; energia limpa; novos sistemas de educação, transporte e alimentação que sirvam verdadeiramente ao povo porto-riquenho — algo que vá além de uma cópia reforçada do antigo sistema.

Desastres como furacões perturbam a vida cotidiana. Muitas vezes, é necessário reconstruir uma comunidade ou até mesmo um país após um desastre assim. Como descobrimos no capítulo 3, algumas pessoas veem essas perturbações e reconstruções como oportunidades de deixar os ricos ainda mais ricos. Mas o processo de reconstrução após um desastre pode seguir o caminho oposto. Pode ser uma oportunidade de pôr em prática boas ideias que antes eram vistas como impossíveis. Pode ser uma oportunidade de mudar nossas velhas práticas nocivas — e uma chance de planejar um futuro capaz de lidar melhor com os choques das mudanças climáticas, bem como outras crises, como as pandemias.

TORNANDO GREENSBURG MAIS VERDE

Assim como Porto Rico, a cidade de Greensburg, no Kansas, foi devastada por um desastre. Ao contrário de Porto Rico, a cidade tinha independência política e recebeu a ajuda financeira necessária, não só para se reconstruir, mas para se reinventar como uma cidade que olha para o futuro, não o passado.

Em uma noite de maio de 2007, Greensburg quase foi varrida do mapa por um tornado. Não era uma tempestade comum — era grande e poderosa o suficiente para ser chamada de supertornado. Seus ventos atingiram velocidades dilacerantes de 330 quilômetros por hora. No local em que tocou o chão, a tempestade tinha cerca de 2,7 quilômetros de diâmetro: maior do que a própria cidade.

A população do Kansas entende de tornados. Quando as sirenes de alerta tocaram em Greensburg naquela noite, os residentes se esconderam em porões ou nos locais mais seguros que puderam encontrar. Para os clientes em uma loja de posto de gasolina, por exemplo, o lugar mais seguro era dentro da câmara frigorífica.

O tornado foi precedido por relâmpagos e uma chuva de granizo em pedaços grandes. Então, a nuvem em funil se deslocou lentamente pela cidade. Quando acabou, 95% das construções de Greensburg estavam destruídas ou danificadas. Onze pessoas morreram. Mais sessenta ficaram feridas.

Depois desse desastre, cerca de metade dos 1.500 habitantes da cidade se mudou. Os que permaneceram organizaram reuniões em tendas para discutir a reconstrução da comunidade.

"O principal assunto nessas reuniões era falar sobre quem somos — quais são nossos valores? [...] Às vezes, aceitávamos que tínhamos opiniões diferentes, mas ainda éramos educados uns com os outros", disse Bob Dixson, prefeito de Greensburg na época. Assim como muitas outras pessoas que viviam na zona rural da cidade, Dixson vinha de uma longa linhagem de agricultores. Ele acrescentou: "Não podemos nos esquecer de que nossos ancestrais eram cuidadores da terra. Meus ancestrais viveram nas casas ecológicas originais: as casas de turfa. [...] Nós aprendemos que a única coisa verdadeiramente ecológica e sustentável na vida é como tratamos uns aos outros."

Assim, Greensburg decidiu se reinventar como uma cidade verde e ecológica. Com a ajuda de doações do governo para o auxílio de emergência, de organizações sem fins lucrativos e de uma empresa local que construiu uma grande turbina eólica, Greensburg tornou-se um modelo de vida sustentável.

Suas novas construções públicas atendem aos altos padrões do sistema de classificação LEED (Leadership in Energy and Environmental Design, ou Liderança em Energia e Design Ambiental), um programa que certifica a compatibilidade ambiental dos edifícios. O sistema de classificação LEED avalia características de construções, tais como: se sua localização é a melhor possível para o meio ambiente local, se a utilização de energia e água é eficiente, e se a construção é feita de materiais sustentáveis produzidos ou cultivados sem destruir recursos limitados. Várias estruturas de Greensburg, incluindo o novo hospital e a nova escola da comunidade, obtiveram a certificação LEED de nível mais alto, platinum.

Os estudantes fizeram parte do processo de planejamento. Eles tiveram ideias para sua nova escola e não hesitaram em compartilhá-las. Um dos arquitetos que trabalhou na cidade durante o período de reconstrução disse: "Se não fosse pela contribuição sincera dos jovens, a escola seria mais uma instituição de ensino regional a uma grande distância do centro da cidade, em um terreno que o conselho escolar comprou uma semana depois da tempestade. Mas, como a nova geração viu uma necessidade de mudança e teve o desejo de defendê-la, a escola é hoje uma âncora para a comunidade, situada bem na rua principal, não só transformando a educação, mas também contribuindo com vitalidade para a comunidade."

A cidade é movida a energia limpa e renovável. A maior parte vem do vento. A força da natureza que quase acabou com Greensburg hoje movimenta turbinas grandes e pequenas que abastecem negócios, edifícios públicos e fazendas.

Essa ousada reinvenção beneficiou a cidade de diversas maneiras. Um benefício é a economia proporcionada por suas fontes de energia renováveis. O hospital gasta 59% de energia a menos do que um hospital típico de mesmo tamanho, e a escola, 72%. Outro benefício é que a cidade provavelmente está mais segura caso outro tornado apareça. Casas e apartamentos estão sendo construídos utilizando métodos que não só economizam energia como fortalecem essas estruturas contra ventos intensos, usando, por exemplo, fardos de palha nas paredes.

Embora a população de Greensburg ainda seja menor do que era antes do tornado, a influência da cidadezinha é grande. A história da ecologização de Greensburg já foi contada em livros, artigos, duas minisséries documentais e nos salões do Congresso. Urbanistas de outras partes do país, bem como jovens que estão aprendendo sobre uma vida ecologicamente sustentável, vão até a cidade para ver como se faz.

O Grande Poço de Greensburg, Kansas, chamado de "o maior poço cavado à mão do mundo", tem 33 metros de profundidade. Ele sobreviveu ao tornado de 2007 que quase acabou com a cidade, mas o museu ao seu redor foi destruído. Hoje, o museu reconstruído — cuja nova escadaria remete ao formato espiralado do tornado — narra o renascimento de Greensburg como uma cidade verde.

Greensburg mostrou o poder da tomada de decisões compartilhada com toda a comunidade. Mostrou que as pessoas que sofreram uma perda terrível tiveram a coragem de recomeçar de uma nova maneira, pensando no futuro. Outra lição de Greensburg é o poder e a eficiência de se pensar grande. Se as pessoas tivessem reconstruído suas casas e negócios com janelas e eletrodomésticos que economizam energia, essas mudanças já teriam sido boas. Mas, ao pensar em maior escala e imaginar um tipo de cidade inteiramente novo, a população de Greensburg foi capaz de conseguir o apoio e os fundos necessários para fazer uma diferença muito maior na luta contra as mudanças climáticas.

E se existisse uma maneira de ajudar várias cidades a ficarem mais parecidas com Greensburg, mas sem esperar que um desastre as destrua primeiro? E se tivéssemos um plano para espalhar os ensinamentos da Casa Pueblo por todo o país, ou por todo o mundo?

Continue a leitura — existe uma maneira.

CAPÍTULO 8

Um New Deal Verde

Cientistas de todas as nacionalidades que estudam o clima já nos disseram o que devemos fazer para manter o aquecimento de nosso planeta sob controle. Teremos que mudar quase tudo a respeito de como obtemos energia, utilizamos recursos e vivemos. Uma mudança tão grande assim parece impossível para você?

Não é. Já fizemos isso antes, mais de uma vez. E o fizemos em momentos em que os Estados Unidos e o mundo estavam em crise, assim como o mundo hoje se encontra em uma crise climática e econômica.

O NEW DEAL ORIGINAL

Nos anos 1930, houve uma mudança radical nos Estados Unidos. Durante o governo do presidente Franklin D. Roosevelt, o país lançou dezenas de programas que transformaram o governo e a economia. Juntos, esses programas foram chamados de New Deal.

O que levou ao New Deal foi uma catástrofe econômica chamada de Grande Depressão. Nos Estados Unidos, ela teve início em outubro de 1929. O fluxo de dinheiro dos investidores na bolsa de valores tinha elevado os preços de muitas ações — que são parcelas de propriedade de empresas e recursos financeiros. Investimentos desse tipo podem gerar instabilidade econômica, porque estão sempre sujeitos a ciclos de altas e quedas. Naquela vez, as pessoas entraram em pânico com os relatos de que as ações estavam superfaturadas e iam desvalorizar. Investidores nervosos venderam um grande número de ações em apenas uma semana. O valor das ações sofreu uma queda brusca e repentina, enviando ondas de choque pela economia.

Bancos faliram. Negócios fecharam. Milhões de pessoas perderam seus empregos. Muitas que continuaram empregadas sofreram cortes drásticos de salário. O governo também passou dificuldade, porque sua receita de impostos caiu de repente. À medida que o comércio internacional perdia força, e então entrava em colapso, a depressão econômica se espalhou para outros países.

Os Estados Unidos nunca tinham vivenciado tanta pobreza, sofrimento e fome generalizados. Favelas surgiram. Pessoas que não conseguiam mais pagar o aluguel ou encontrar emprego construíram os abrigos que podiam com madeira, trapos e papelão. Elas percorriam as cidades, grandes e pequenas, assim como a zona rural do país, procurando trabalho e implorando por comida. A população negra foi a que mais sofreu. Eles foram os primeiros a perder seus empregos, e a taxa de desemprego era maior do que entre os brancos.

A princípio, o governo pouco fez para ajudar. Não existiam programas federais que oferecessem uma rede de segurança social que pudesse dar apoio aos desempregados, aos idosos e às pessoas com deficiência.

Mas, depois que Roosevelt assumiu a presidência em 1933, ele prometeu oferecer aos norte-americanos um "novo acordo", ou *new deal*. Para combater a miséria e o colapso da Grande Depressão, seu governo lançou uma enxurrada de novas políticas, programas e investimentos públicos. Leis de salário mínimo foram implementadas para proteger os trabalhadores da desvalorização salarial. A Previdência Social foi criada para oferecer aos idosos uma fonte de renda depois que parassem de trabalhar e para ajudar pessoas com deficiência que não tinham condições de fazer isso.

Como uma das principais causas da Grande Depressão foi o comportamento inconsequente dos bancos — que haviam usado o dinheiro de seus clientes para fazer investimentos arriscados em ações, ou para emprestar dinheiro a empresas das quais os funcionários dos bancos tinham ações —, uma parte importante do New Deal foi implementar novas regulamentações para impedir que os bancos repetissem esse comportamento no futuro. Uma Lei Bancária de Emergência (Emergency Banking Act) permitiu a reabertura dos bancos, mas sob supervisão federal. Essas regulamentações federais rígidas foram consideradas necessárias para a saúde geral da economia — assim como os cientistas de hoje defendem uma regulamentação rigorosa das emissões de gases do efeito estufa para melhorar a saúde geral do planeta.

Outros programas do New Deal levaram energia elétrica para a maior parte da zona rural dos Estados Unidos pela primeira vez e construíram inúmeras habitações de baixo custo nas cidades. No centro do país, onde a seca havia transformado grandes trechos de terras agrícolas em um Dust Bowl (regiões tão erodidas que o vento levantava a terra seca e gerava grandes tempestades de areia), o auxílio aos agricultores se concentrou na proteção do solo. Esses programas ajudaram o país a se recuperar da Depressão através da criação de empregos e da preservação do sustento das pessoas.

Uma das formas pelas quais o New Deal combateu o desemprego foi com um programa chamado Civilian Conservation Corps (CCC). Essa organização foi criada para oferecer empregos a homens no final da adolescência ou no início da vida adulta. Os voluntários tinham que se inscrever por pelo menos seis meses. Eles recebiam alimento, abrigo nos dormitórios dos acampamentos de trabalho e um pequeno salário mensal — cuja intenção era que os rapazes enviassem a maior parte para casa, para ajudar a sustentar suas famílias. Milhares deles aprenderam a ler e escrever ou adquiriram novas habilidades profissionais durante o tempo no CCC.

Jovens se limpando no "banheiro" de um acampamento da Civilian Conservation Corps na cordilheira Eastern Sierra, na Califórnia, em 1933. O CCC fazia parte do New Deal, que tirou os Estados Unidos da Grande Depressão.

Em troca desses benefícios, os voluntários trabalhavam em projetos públicos, em sua maioria ao ar livre e na região Oeste. Os benefícios ao meio ambiente foram extensos. Os voluntários plantaram mais de 2,3 bilhões de árvores durante a existência do CCC. Construíram e aperfeiçoaram estradas, pontes, diques e barragens para o controle de enchentes, assim como outras estruturas. Muitos projetos eram localizados nos parques nacionais e estaduais dos Estados Unidos, incluindo os oitocentos novos parques que o CCC ajudou a criar. Um grande número dessas estruturas existe até hoje.

No auge, no ano de 1935, o CCC contou com meio milhão de voluntários em 2.900 acampamentos. Cerca de três milhões de norte-americanos passaram pelo CCC durante os nove anos de programa. Os afro-americanos podiam participar, mas os acampamentos eram separados por raça. As mulheres só podiam participar de um acampamento, onde aprendiam a fazer conservas e outras tarefas domésticas.

Outros programas do New Deal deixaram um legado duradouro para os Estados Unidos. A Works Progress Administration contratou pessoas para construir escolas, estradas, aeroportos e mais.

Ao todo, mais de trinta novas agências foram criadas entre 1933 e 1940, e o governo empregou diretamente mais de dez milhões de pessoas.

O maior defeito do New Deal foi ter favorecido, em sua imensa maioria, trabalhadores brancos do sexo masculino. Mulheres, negros, mexicanos-americanos e povos indígenas se beneficiaram menos. Ainda assim, o New Deal mostrou que uma sociedade é capaz de fazer grandes transformações em apenas dez anos. O New Deal expressava uma mudança de valores. O foco saiu da riqueza e do lucro a qualquer custo para o apoio ao outro e a reconstrução de uma economia e sociedade mais seguras.

Junto com a alteração de valores, vieram mudanças rápidas nas responsabilidades do governo e nos gastos federais. Para enfrentar uma crise urgente, o governo agiu depressa e promoveu uma grande transformação. Quando as pessoas dizem hoje em dia que não há dinheiro suficiente para fazer as transformações necessárias no combate às mudanças climáticas, ou que um governo ou uma economia não é capaz de agir tão rápido, o New Deal nos lembra de que nada disso é verdade.

Durante o New Deal, nem tudo foi pago pelo governo federal com os impostos dos contribuintes. O governo Roosevelt criou programas de seguro e empréstimos que encorajavam bancos e indivíduos a investirem na economia. Um misto de dinheiro público e privado pagou pelo New Deal, que tirou milhões de famílias da pobreza. A mesma coisa pode acontecer hoje — e sem as exclusões raciais e de gênero que ocorreram antes — se decidirmos mudar tudo.

Jovens no New Deal

"Fico verdadeiramente aterrorizada quando penso que podemos estar perdendo esta geração", disse Eleanor Roosevelt, em 1934. "Precisamos trazer esses jovens para a vida ativa da comunidade e fazer com que se sintam necessários."

A esposa do presidente Franklin D. Roosevelt percebeu que o New Deal do marido não estava fazendo o bastante pelos jovens. Muitos rapazes e moças não conseguiam encontrar emprego. Outros não tinham condições de continuar na faculdade. Junto com educadores, Eleanor Roosevelt lutou pela criação de um programa feito especialmente para eles.

O resultado foi a National Youth Administration, criada em 1935. A NYA concedia bolsas a estudantes universitários e de ensino médio que trabalhassem em empregos de meio período. Isso fez com que os alunos permanecessem nas escolas sem ter que pedir empréstimos ou abandonar os estudos em busca de trabalho. Por exemplo, um jovem em Idaho dava aulas em uma Associação Cristã de Moços local em troca de uma bolsa da NYA, o que lhe permitia continuar estudando na faculdade.

Para os jovens que não estudavam, mas não conseguiam encontrar trabalho, a NYA oferecia treinamento prático em programas federais de emprego. Mais tarde, a agência mudou o foco para o ensino de habilidades profissionais, como costura e conserto de automóveis.

Depois que os Estados Unidos entraram na Segunda Guerra Mundial, rapazes e moças aprenderam habilidades relacionadas à defesa nacional. A NYA treinou garotas para que operassem máquinas de raios X em hospitais, usassem máquinas operatrizes, como brocas em uma fábrica de aeronaves, e montassem rádios.

Os idealizadores do New Deal original criaram a NYA porque viram que não podiam ignorar os jovens. Assim como a juventude de hoje, eles se recusaram a ser ignorados. Sua geração fará parte de todas as mudanças que fizermos para enfrentar os problemas da injustiça e das mudanças climáticas. E, assim como os jovens do New Deal encontraram uma maneira de usar suas habilidades ou aprenderam outras, você verá no próximo capítulo que as habilidades de que já dispõe, ou as novas habilidades que adquirir, podem ser uma parte valiosa do seu ativismo.

UM PLANO MARSHALL PARA A TERRA

O New Deal não foi o único momento na história moderna em que as pessoas enfrentaram desafios drásticos com ações rápidas e de grandes proporções. Durante a Segunda Guerra Mundial (1939-1945), as nações ocidentais transformaram suas indústrias da noite para o dia para lutar contra a Alemanha de Hitler. As fábricas que produziam bens de consumo, como máquinas de lavar roupa e carros, passaram a produzir navios, aviões e armamentos em uma velocidade surpreendente.

As pessoas também mudaram o estilo de vida. Para deixar mais combustível para o exército, elas pararam de dirigir ou reduziram o tempo ao volante. Na Grã-Bretanha, quase ninguém usava carros, a não ser que fosse para algo realmente necessário. Os norte-americanos também passaram a dirigir muito menos. Entre 1938 e 1944, o uso de transporte público, como ônibus e trens, aumentou 95% no Canadá e 87% nos Estados Unidos.

As pessoas cultivavam alimentos em seus quintais ou em terrenos comunitários para que as safras agrícolas fossem destinadas aos militares. Em 1943, vinte milhões de lares norte-americanos tinham "jardins da vitória". Isso significava que três quintos da população nacional estavam cultivando verduras e legumes frescos.

Aí, quando a guerra acabou, o Oeste e o Sul da Europa estavam devastados. As economias estavam arruinadas, assim como muitas cidades e paisagens.

O secretário de Estado dos EUA, George C. Marshall, convenceu o Congresso de que os Estados Unidos deveriam ajudar os países da Europa na reconstrução — incluindo a Alemanha, a principal inimiga durante a guerra. Ele argumentou que haveria benefícios de longo prazo para os Estados Unidos e para o capitalismo. Uma Europa recuperada proporcionaria um mercado em ascensão para os produtos norte-americanos.

Em abril de 1948, o Congresso aprovou o que veio a ser chamado de Plano Marshall. Os gastos com o plano acabaram somando mais de US$ 12 bilhões, o maior programa de auxílio da história do país até então. A ajuda começou com o envio de alimentos, combustíveis e suprimentos médicos. O passo seguinte envolveu investimento na reconstrução de usinas elétricas, fábricas, escolas e ferrovias.

O Plano Marshall contribuiu muito para o restabelecimento de fábricas, empresas, escolas e programas sociais da Europa. E, como Marshall havia previsto, ao reerguer os países europeus atingidos, os Estados Unidos também foram favorecidos. O país criou relações comerciais e políticas mais fortes com essas nações, que estavam prontas para se envolver no comércio internacional muito antes do que estariam sem o Plano Marshall.

Hoje, com a crise climática que enfrentamos, algumas pessoas clamam por um Plano Marshall global ou sustentável. Uma das primeiras pessoas a falar sobre isso foi Angélica Navarro Llanos.

Conheci Navarro Llanos em 2009. Na época, ela estava representando o país sul-americano da Bolívia em encontros internacionais. Ela havia acabado de discursar em uma conferência da ONU sobre o clima, durante a qual disse:

> *Milhões de pessoas em pequenas ilhas, em países menos desenvolvidos, em países sem litoral e em comunidades vulneráveis no Brasil, na Índia, na China e em todo o mundo estão sofrendo os efeitos de um problema para o qual não contribuíram. [...] Precisamos de um Plano Marshall para a Terra [...] para garantir que as emissões sejam reduzidas e também para que a qualidade de vida dessas pessoas melhore.*

Um Plano Marshall para a Terra poderia ser uma maneira de os países mais ricos e mais industrializados pagarem sua dívida climática com o restante do mundo, como discutimos no capítulo 3. Além de transformar suas próprias economias, trocando os combustíveis fósseis por energia renovável, esses países mais ricos poderiam fornecer recursos para que o restante do mundo fizesse o mesmo. Isso também poderia tirar grande parte da humanidade da pobreza e fornecer às pessoas serviços, tais como energia elétrica e água potável, a que hoje não têm acesso.

Se quisermos preparar o mundo para enfrentar e combater as mudanças climáticas, devemos começar impedindo a abertura de novas minas de carvão, plataformas marítimas para perfuração de petróleo e a prática do fraturamento hidráulico em novos campos de petróleo e gás. Mas, além disso, precisamos reduzir e, em algum momento, acabar com o uso de minas, plataformas de perfuração e campos de fraturamento hidráulico que já existem. Ao mesmo tempo, ao diminuir o uso de combustíveis fósseis — e reduzir as emissões de gases do efeito estufa de outras atividades, como a agricultura industrial —, também precisamos aumentar rapidamente o uso de energia renovável e de métodos agrícolas ecológicos, para que as emissões globais de carbono possam ser zeradas até meados deste século.

A boa notícia é que é possível fazer tudo isso com as ferramentas e tecnologias que já temos. Outra boa notícia: podemos criar centenas de milhões de bons empregos no mundo inteiro à medida que transformamos nossa economia baseada em combustíveis fósseis em uma economia sem emissões de carbono. Vagas de emprego se abririam em muitos ramos de trabalho:

- Criação, produção e instalação de tecnologias de energia renovável, como painéis solares e turbinas eólicas;
- Construção e operação de transportes públicos, como trens elétricos de alta velocidade, para oferecer boas alternativas ao excesso de viagens rodoviárias e aéreas;
- Limpeza de terras e águas poluídas, restauração de áreas silvestres e hábitats de vida selvagem danificados, plantação de árvores;
- Modernização de casas, negócios, fábricas e edifícios públicos para diminuir o consumo de energia;
- Ensino de crianças, oferecimento de apoio psicológico, cuidados com doentes e idosos e criação de arte — todas já profissões com baixa emissão de carbono e que podem melhorar ainda mais com os ajustes certos.

Programas como esse seriam caros? Sim, mas o New Deal e o Plano Marshall provaram que os governos são capazes de encontrar recursos quando precisam. Mais recentemente, o governo dos Estados Unidos gastou enormes somas de dinheiro socorrendo instituições financeiras falidas e estimulando a economia após a crise financeira e recessão de 2008-2009, e fez isso de novo em meio à desaceleração econômica da COVID-19. O dinheiro existe — se a necessidade for clara e as pessoas exigirem.

E a necessidade por ações climáticas é clara. Pessoas e movimentos nos Estados Unidos e em todo o mundo estão pedindo para que seus governos enfrentem a crise climática com mudanças abrangentes.

As forças que nos atrasam nesse esforço são nossa dependência dos combustíveis fósseis, o poder das corporações internacionais de energia, o agronegócio e a crença total de que temos que continuar fazendo os negócios como sempre foram feitos. Isso tudo não está apenas destruindo nosso planeta. Está destruindo a qualidade de vida das pessoas.

As pessoas são afetadas pela lacuna crescente entre os ultrarricos e o restante; pela destruição dos direitos de pobres e povos indígenas; pelo abandono de pontes, barragens e outras obras públicas, tanto quanto sofrem pelos efeitos das mudanças climáticas. Será que podemos confiar em nosso sistema econômico atual para mudar essa situação? Pouco provável. A ascensão das ideias de livre-mercado enfraqueceu a noção de que os governos são responsáveis por regulamentar o que as corporações podem fazer. E, sem regulamentações, as empresas não têm nenhum motivo para agir contra seu principal interesse: o lucro.

Para realizar as transformações profundas necessárias para garantir um futuro melhor, precisamos de um plano que enfrente as mudanças climáticas e reforme o modelo econômico que as impulsiona. Poderíamos construir sociedades e economias feitas para proteger e renovar os sistemas de suporte à vida de nosso planeta, respeitando e apoiando todos nós, que dependemos desses sistemas.

Fazer uma mudança tão grande e tão ampla é uma tarefa gigantesca. Assim como foi visto no New Deal, nos esforços da Segunda Guerra Mundial e no Plano Marshall, novas leis e regulamentações serão necessárias para trazer uma transformação dessa importância. Os governos terão que mudar seus gastos habituais para pagar por isso. Algumas pessoas desenvolveram uma série de visões para essa transformação. Para chamar atenção para o fato de que já temos um exemplo disso na história, a maioria delas é chamada de New Deal Verde.

O NEW DEAL VERDE — E MAIS

Jovens ativistas do clima de um grupo chamado Sunrise Movement viraram notícia no fim de 2018, quando ocuparam o escritório do futuro presidente da Câmara dos Representantes dos Estados Unidos. O movimento encabeçado por jovens sentia que os líderes do governo não estavam fazendo o bastante a respeito da crise climática, e, por isso, levaram a crise ao governo.

Até mesmo os membros do Sunrise Movement que eram novos demais para votar se engajaram na política com muito interesse. Eles exigiam que os candidatos recusassem doações da indústria de combustíveis fósseis e apoiavam os que preferiam a energia renovável.

Acima de tudo, os jovens do Sunrise Movement pediam que os líderes políticos traçassem um plano para um New Deal Verde. Esse plano acabaria com a dependência do país dos combustíveis fósseis e, ao mesmo tempo, geraria empregos ecologicamente seguros e garantiria justiça social e climática.

New Deal Verde: *Precisamos de uma transição justa. Direito a bons trabalhos e um futuro habitável. Temos 12 11 anos.* Os jovens de hoje se juntam à campanha por um New Deal Verde para construir um futuro habitável.

A ideia de uma versão ecológica do New Deal existe desde meados dos anos 2000. Economistas, ambientalistas e alguns políticos levantaram a ideia nos Estados Unidos, na Grã-Bretanha e na ONU. No outono de 2018, porém, tornou-se uma questão política dominante depois que o Painel Intergovernamental sobre Mudanças Climáticas divulgou seu relatório detalhando as ações necessárias para atingir o objetivo de manter o aquecimento global abaixo de 1,5ºC até 2100, como discutimos no capítulo 2.

No início de 2019, a congressista Alexandria Ocasio-Cortez e o senador Ed Markey apresentaram ao Congresso dos Estados Unidos um possível plano para o New Deal Verde.

O plano pedia ao Congresso que se comprometesse a fazer com que a nação zerasse as emissões de carbono e se comprometesse com o objetivo de obter toda a energia de fontes limpas e renováveis muito rapidamente. As maneiras de se conseguir isso incluem:

- Reformar as construções existentes e fazer novas, de modo a utilizar energia e água de forma eficiente;
- Dar apoio a práticas industriais limpas, com a adoção de técnicas e matérias-primas diferentes que reduziriam a poluição e os gases do efeito estufa da indústria e da produção;
- Investir em redes de energia mais eficientes e trabalhar para tornar a eletricidade acessível e limpa;

- Reformular o sistema de transporte do país, incluindo investimentos em transporte público, trens de alta velocidade e veículos que não emitam gases do efeito estufa.

A versão do New Deal Verde apresentada por Ocasio-Cortez e Markey tinha objetivos que iam além da redução de carbono, abordando melhorias na sociedade por meio de mudanças abrangentes. A proposta queria garantias de que todos os norte-americanos teriam empregos que pagassem o suficiente para sustentar uma família; educação, incluindo o ensino superior; assistência médica de alta qualidade; moradias seguras e acessíveis; "acesso à água limpa, a ar puro, a alimentos baratos e saudáveis e à natureza". Foi enfatizado que todos esses são direitos, não privilégios, e jamais deveriam ser negados às pessoas simplesmente por não terem dinheiro.

Este New Deal Verde visava pôr em prática os ideais de justiça e equidade, bem como combater as mudanças climáticas. Mas os benefícios iriam muito além de limitar as mudanças climáticas. Os empregos e a proteção ambiental receberiam um grande incentivo que salvaria vidas. Os sistemas que perpetuam desigualdades e injustiças — entre negros e brancos, entre cidadãos e imigrantes, entre mulheres e homens, entre povos indígenas e não indígenas — começariam a ruir.

A resolução apresentada pelo senador Markey e pela congressista Ocasio-Cortez não foi aprovada em votação no Senado. Mas muitos senadores e congressistas estadunidenses apoiam alguma forma de New Deal Verde, embora alguns deles busquem se concentrar apenas nas soluções climáticas e ambientais. E a pressão pública por progresso em relação às mudanças climáticas não vai se dissipar. Outra proposta de New Deal Verde logo chegará ao Congresso.

Pessoas e partidos políticos têm exigido planos semelhantes em outros países também. No Canadá, na Austrália, na União Europeia, no Reino Unido e em outras nações, eleitores e líderes deverão escolher: comprometer-se com alguma versão de New Deal Verde ou deixar que as empresas defensoras do *status quo* (ou seja, que querem manter tudo como está) continuem liberando carbono na atmosfera.

Quando adotarmos um New Deal Verde, devemos evitar as coisas que nos decepcionaram no passado. Devemos garantir que ninguém seja excluído ou deixado para trás por falta de poder político. Devemos reconhecer que, quando se trata de mudanças climáticas, os interesses comerciais não combinam com os interesses do povo e do planeta. Não devemos deixar que os interesses comerciais e corporativos tomem todas as decisões, embora também seja preciso trabalhar para sustentar nossas economias, incluindo negócios que querem fazer parte da solução. Devemos buscar mudanças profundas, nos baseando em decisões tomadas de forma democrática e compartilhada, com todas as nossas vozes sendo ouvidas.

Precisamos de mais do que um New Deal pintado de verde ou um Plano Marshall com painéis solares.

Em vez das barragens e das usinas de combustíveis fósseis altamente centralizadas do New Deal, precisamos de energia solar e eólica descentralizada e, sempre que possível, comunitária.

Em vez de vastas áreas residenciais de população branca e conjuntos habitacionais racialmente segregados nas periferias das cidades, precisamos de moradias urbanas sustentáveis com carbono zero, bem projetadas, racialmente integradas, construídas com a contribuição de comunidades não brancas, em vez de moldadas apenas por promotores e investidores imobiliários cujo único objetivo é o lucro.

Em vez de entregar a conservação de nossos recursos naturais e nossas terras públicas nas mãos de agências militares e federais, precisamos capacitar comunidades indígenas, pequenos agricultores e aqueles que praticam a pesca sustentável. Eles podem liderar um processo de plantação de bilhões de árvores, restauração de pântanos e renovação de solos e recifes.

Em outras palavras, precisamos de coisas que nunca tivemos em grandes proporções. Precisamos construir uma sociedade que gire em torno do entendimento de que o bem-estar geral é mais importante do que o crescimento econômico. Só assim poderemos superar de verdade a poluição e a injustiça climática.

Outra coisa que ainda não tentamos é pagar a dívida climática sobre a qual falamos no capítulo 3. Isso beneficiaria o mundo inteiro, ajudando os países mais pobres a reduzir suas emissões de carbono e avançar em direção à energia limpa.

Poderíamos também tentar rejeitar um estilo de vida tão consumista. O mundo não tem recursos nem energia o suficiente para oferecer a todos uma vida de consumidores de luxo. Poderíamos, porém, melhorar a qualidade de vida de todos de maneiras diferentes.

Os Estados Unidos e muitas outras sociedades caíram na armadilha que é acreditar que "qualidade de vida" significa trabalhar muito, consumir cada vez mais e adquirir riqueza. Mas, se isso realmente estivesse nos fazendo felizes, será que veríamos níveis tão altos de estresse, depressão e uso de drogas? E se a economia fosse feita para que as pessoas trabalhassem menos, para que pudessem ter mais tempo para as amizades, para o lazer, para estar em contato com a natureza e para fazer e curtir a arte? Pesquisas mostram que essas coisas — que exigem muito menos energia e menos recursos do que o fluxo constante de bens de consumo manufaturados — realmente deixam as pessoas mais felizes.

Mais do que qualquer outra coisa, a saúde de nosso planeta determinará a qualidade de nossas vidas. Quando centenas de jovens membros do Sunrise Movement enfileiraram-se em uma manifestação nos corredores do Congresso, vestiam camisetas com os dizeres: TEMOS

DIREITO A UM FUTURO HABITÁVEL E BONS EMPREGOS. Eles seguravam cartazes que diziam: SÓ TEMOS MAIS DOZE ANOS. QUAL É O PLANO? E apresentaram muito mais do que críticas aos problemas. Aqueles jovens contaram uma história sobre como o mundo poderia ser depois de uma mudança profunda e apresentaram um plano para chegarmos lá.

O movimento climático é bom em dizer não — não à poluição e não a mais utilização de combustíveis fósseis. O New Deal Verde é diferente. É um sim em alto e bom som, junto com esses nãos. A proposta não nos diz simplesmente o que não devemos fazer. Ela nos mostra, em vez disso, o que *podemos* fazer.

Sua geração está disseminando a visão de um New Deal Verde. Os jovens estão nos dizendo que os políticos não podem mais evitá-la. E eles têm razão.

Buen vivir, vivendo bem juntos

Se dermos as costas para a ideia de que a natureza é algo a ser conquistado e exaurido pelos seres humanos, que ideias a substituirão? Existe uma maneira diferente de ver o mundo e nosso lugar nele?

Existe. Um exemplo é o *buen vivir*, uma expressão em espanhol para "bem viver". Movimentos sociais no Equador e na Bolívia a utilizam para falar de "viver bem juntos". O *buen vivir* é uma visão de vida enraizada nas crenças dos povos indígenas desses países sul-americanos. Ele promove relacionamentos harmoniosos — harmonia não apenas entre os indivíduos, mas entre as pessoas e a natureza. O *buen vivir* respeita culturas, valores comunitários compartilhados e outras criaturas vivas. Ele vê os seres humanos vivendo em parceria com a terra e seus recursos, não como seus donos ou mestres.

O *buen vivir* fala do direito a uma vida boa, na qual todos tenham o suficiente, em vez de uma vida de consumismo constante e crescente. Movimentos por toda a América do Sul têm adotado o *buen vivir* como ponto de partida para discutir questões sociais, econômicas e ambientais.

Uma vitória na Nova Zelândia reflete os valores do *buen vivir*, embora tenha sido conquistada do outro lado do Oceano Pacífico, em relação à América do Sul.

Os Maori são os índios que vivem no que hoje é chamado de Nova Zelândia. Em 2017, após mais de um século de petições e ações judiciais, o povo Maori que vive ao longo do Whanganui conquistou a "identidade" legal do rio. O governo da Nova Zelândia reconheceu oficialmente que o rio nutre os Maori, tanto em termos físicos quanto espirituais. Esse reconhecimento garantiu ao rio os mesmos direitos legais de uma pessoa física ou jurídica. Esse ato abriu novas possibilidades de expressar nossos valores, protegendo o mundo natural e mudando a forma como interagimos com ele.

MOVIMENTOS PODEROSOS

À medida que desenvolvemos uma visão para um New Deal Verde, ativistas do clima e da justiça que atuam hoje podem aprender lições valiosas com o New Deal e o Plano Marshall originais. Uma lição é que sempre é possível encontrar uma nova forma de abordar uma crise. Nos anos 1930, os Estados Unidos enfrentaram a emergência da depressão econômica e do desemprego. Nos anos 1940 e 1950, encararam o desastre dos países europeus e asiáticos que haviam sido devastados pela guerra.

O que aconteceu em cada caso? A sociedade inteira — consumidores, trabalhadores, produtores e todas as esferas de governo — fez parte da resposta. Muitos segmentos da sociedade se uniram para promover mudanças profundas. Eles compartilhavam objetivos claros: resgatar a economia criando empregos para quem perdeu o emprego durante a Depressão e reerguer um continente destruído pela Segunda Guerra Mundial.

Outra lição é que os solucionadores de problemas do passado não buscaram apenas uma única resposta para o problema. E não fizeram simplesmente reparos superficiais. Tanto no New Deal quanto no Plano Marshall, a solução veio de uma ampla variedade de ações. As pessoas foram empregadas em projetos públicos. O governo e as indústrias trabalharam juntos no planejamento. Os bancos foram encorajados a fazer certos tipos de investimentos. Consumidores individuais mudaram seus hábitos.

É fácil perder a motivação diante das tantas mudanças necessárias para combater a crise climática, especialmente quando encaramos tantas outras crises urgentes, incluindo o racismo e emergências de saúde pública como a COVID-19. Mas esses exemplos históricos nos mostram que, quando objetivos ambiciosos e políticas firmes se juntam, quase todos os aspectos de uma sociedade podem mudar para alcançar uma meta comum em pouco tempo.

Os exemplos do New Deal e do Plano Marshall nos mostram mais uma coisa. Cada um deles teve passos em falso, experimentos e correções de curso ao longo do caminho. A lição que vem disso é que não precisamos resolver todos os detalhes antes de começarmos. Podemos entrar de cabeça e partir para a ação com um projeto de grande escopo e urgente — como um New Deal Verde para combater as mudanças climáticas e trazer justiça social.

Mas não podemos fazer isso se não começarmos.

A história tem outra lição para nós. Talvez seja a mais importante de todas. É a seguinte, a maioria das mudanças que levaram nossa sociedade a mais justiça e distribuição de renda só aconteceu por conta de uma coisa: a pressão implacável de grandes grupos de pessoas bem-organizadas. Em outras palavras: *movimentos*, tais como o movimento pelos direitos civis dos anos 1960 nos Estados Unidos, que deram fim à segregação legal por raça nas escolas e na vida pública.

Os movimentos vão ajudar a construir, ou destruir, o New Deal Verde. Qualquer presidente ou governo que tente tornar o New Deal Verde realidade vai precisar do suporte de movimentos sociais poderosos, que exijam mudanças e resistam aos esforços de manutenção de velhos hábitos nocivos. Esses movimentos precisarão ir além do simples apoio a líderes e governos que conduzam seus países em direção às mudanças necessárias — eles terão que pressionar seus líderes e governos a fazer mais. Como Navarro Llanos disse quando clamou por um Plano Marshall para a Terra, nós, seres humanos, precisamos agir em uma escala mais ampla do que nunca.

Precisamos exercer nosso poder político de fazer campanha e votar em candidatos que lutem por uma ação climática real. Mas as grandes questões não serão resolvidas apenas nas eleições. A pressão de movimentos sociais e climáticos nos próximos anos vai decidir se um New Deal Verde nos salvará do penhasco climático.

Os movimentos são grupos de pessoas que se reúnem em torno de duas coisas. Uma delas é um objetivo ou propósito compartilhado, e a outra é a determinação de fazer com que suas ideias sejam ouvidas, mesmo que as estruturas de poder existentes tentem abafá-las ou ignorá-las. Um movimento pode ser pequeno — talvez três estudantes que desejem convencer sua escola a criar um jardim de polinizadores para alimentar abelhas e pássaros. Pode ser amplo, como as ondas de manifestações que ocupam as ruas das cidades.

Um movimento pode ter um início simples, como uma única estudante sueca sentada em um degrau, segurando um cartaz que alerta sobre as mudanças climáticas, e crescer para abranger todo o mundo.

CAPÍTULO 9

Ferramentas para jovens ativistas

Você está em idade escolar agora? Caso esteja, será um jovem adulto em 2030. Até lá, o mundo deverá ter reduzido a poluição total de carbono quase pela metade. Apenas vinte anos mais tarde, em 2050, a poluição de carbono deverá ser reduzida a zero.

Como vimos ao longo deste livro, cumprir este planejamento é nossa melhor chance de impedir que a temperatura da Terra suba mais de 1,5°C até o fim deste século.

As decisões tomadas sobre esses cortes nas emissões de carbono moldarão toda a sua vida. Essas decisões serão tomadas antes que muitos de vocês tenham idade para votar. Mas, por meio de suas ações hoje, você pode continuar lembrando aos líderes e candidatos a cargos políticos que *vai* votar em breve. Nesse meio-tempo, ninguém é jovem demais para se juntar à luta pelo futuro.

O restante deste capítulo contém uma série de sugestões de ativismo. Dependendo de sua idade, algumas delas serão mais úteis do que outras.

Talvez você já esteja realizando alguma das atividades propostas, quem sabe até mais de uma. Se for o caso, muito bem! Toda forma de ativismo ajuda, portanto, você está mudando o mundo.

Se ainda não encontrou um caminho para o ativismo, espero que uma dessas ferramentas pareça interessante. E, como você é corajoso, tem mente aberta e muita criatividade, talvez crie outras maneiras de usá-las — ou crie ferramentas completamente novas!

MUDANÇAS CLIMÁTICAS VÃO À ESCOLA

Se você é jovem, é provável que passe muito tempo na escola. Sua escola ensina estudos climáticos? Por quanto tempo, e em quais anos? As mudanças climáticas são tema das suas aulas de ciências?

Um estudo feito no Reino Unido em 2018 mostrou que mais de dois terços dos alunos queriam aprender mais sobre as mudanças climáticas e o meio ambiente na escola. Também mostrou que a mesma porcentagem de professores gostaria de ensinar mais sobre esses assuntos. Mas muitos deles se sentiam despreparados para dar esse tipo de aula.

Agora, o ensino sobre mudanças climáticas tem se tornado parte da rotina escolar em muitos países. Em 2019, a principal autoridade na área da educação na Itália disse que os alunos de todos os anos logo começariam a estudar sobre sustentabilidade e mudanças climáticas. O Camboja, no Sudeste asiático, também afirmou que vai incluir o tópico mudanças climáticas na nova grade curricular de ciências para os alunos de ensino médio.

Nos Estados Unidos, dezenove estados e a capital adotaram o Next Generation Science Standards, ou NGSS (Padrões Científicos da Próxima Geração). Esse programa foi apresentado em 2013 e se trata de um conjunto de padrões que descrevem em detalhes o que os alunos de diversos níveis devem saber sobre ciências. O NGSS exige que as mudanças climáticas sejam ensinadas como parte da grade curricular de ciências nos estados que o adotaram. Estudantes de ensino fundamental e médio, por exemplo, aprenderiam sobre a conexão entre atividades humanas e o aumento das temperaturas globais. Eles também estudariam formas de energia alternativa que geram menos poluição do que os combustíveis fósseis. Outros 21 estados adotaram uma estrutura diferente para o ensino de ciências do jardim de infância ao ensino médio, mas que também exige que as escolas ensinem mudanças climáticas.

Se sua escola não ensina estudos climáticos, ou se você acha que é necessário ter mais aulas sobre o assunto, descubra quem monta a grade curricular de sua escola. Em alguns casos, cabe aos professores de ciências decidirem individualmente o tempo e o método usado no ensino da ciência climática. Em outros casos, a direção do distrito escolar ou o conselho educacional fazem essas escolhas.

Depois de descobrir onde as decisões são tomadas, você pode escrever uma carta pedindo mais informações sobre o clima, ou dar início a uma petição para que seus colegas de escola assinem. Você também pode ver se é possível ir a uma reunião de pais e mestres ou a uma reunião do conselho escolar para compartilhar suas ideias pessoalmente.

Será útil, não importa o caminho que escolha, ter uma declaração clara e específica de seu objetivo. Prepare-se para explicar o que você está pedindo, e por quê. Talvez descubra que outros alunos — e os pais deles — desejam o mesmo que você.

Além disso, pergunte-se: sua turma ou escola já recebeu palestrantes? Peça ao seu professor ou diretor que procure profissionais que possam falar sobre questões ambientais e mudanças climáticas. Que tal excursões? Se sua escola oferece esses passeios, faça uma pesquisa sobre os lugares que você poderia sugerir. Talvez exista um modelo de exibição de uma casa movida a energia solar na sua área, ou uma fazenda eólica, ou então um museu de ciências com uma exposição sobre mudanças climáticas.

Você também pode direcionar seus próprios trabalhos escolares para as mudanças climáticas. Se for escrever um relatório sobre um livro ou criar um projeto de ciências, considere buscar uma maneira de voltar o foco para as mudanças climáticas. Você pode falar sobre os perigos, mas também pode apresentar soluções interessantes.

Para projetos em grupo, veja se algum de seus colegas de classe está disposto a explorar um tema que aborde as mudanças climáticas. Fazer o dever de casa pode levantar debates sobre o assunto com seus pais ou amigos. Talvez eles até o ajudem a encontrar mais pesquisas ou maneiras de se envolver.

MUITAS MANEIRAS DE PROTESTAR

Já vimos muitos exemplos de protestos pelo clima neste livro. Para algumas pessoas, protestar significa juntar-se a uma grande passeata ou manifestação pública planejada de dimensões nacionais, como uma Marcha pela Ciência ou uma Greve pelo Clima. Esses eventos costumam reunir membros de muitas organizações e movimentos. Eles também acolhem indivíduos que não se identificam com um grupo específico, mas desejam se posicionar junto daqueles que exigem medidas contra a poluição.

Nas grandes cidades, esses eventos podem ser enormes. No dia da Greve Global pelo Clima, em setembro de 2019, cem mil pessoas marcharam em Nova York. Meio milhão de pessoas participaram da manifestação em Montreal. Mas elas também aconteceram em cidades pequenas e no interior. Nesse mesmo dia, um grupo de nove pesquisadores em uma base na Antártica se pôs de pé no meio da neve, erguendo cartazes de protesto, para encorajar e mostrar apoio aos grevistas do mundo inteiro.

Em pequenas comunidades, vinte pessoas marchando pela rua principal em prol do clima pode ser muita coisa. A paixão e a preocupação desses indivíduos são reais, e pode ser que marchar em um grupo pequeno exija mais coragem do que se juntar a uma grande massa. Afinal de contas, cabe a todos nós resolvermos esse problema, não apenas às multidões que viram notícia.

Se uma greve pelo clima está programada para um dia de aula e você deseja participar, converse com seus pais e professores. Algumas escolas agora permitem que os alunos faltem nesses dias. Alguns jovens chegam até a participar de marchas ou reuniões de manifestantes com seus colegas de classe e professores. Veja se um professor pode transformar a manifestação em um trabalho escolar — você pode se oferecer para escrever uma redação sobre os motivos pelos quais se importa com o ativismo climático ou um relatório após o protesto para sua turma ou o jornal da escola.

Mas marchar pelas ruas não é a única forma de protesto. Outros métodos também já trouxeram mudanças. Uma maneira de dar um recado é se recusar a gastar dinheiro com alguma coisa.

As pessoas já boicotaram produtos feitos por empresas que são famosas pela poluição que emitem, ou os bancos que lhes patrocinam. As pessoas também já boicotaram programas de televisão que veiculam anúncios de empresas de combustíveis fósseis. Os boicotes ganham força quando se espalham por meio de redes sociais ou campanhas de envios de cartas, em que milhares de pessoas dizem a uma empresa ou rede: "Se quiser fazer negócios conosco, mude seus hábitos."

O dinheiro fala. Segundo o Programa de Comunicação sobre Mudanças Climáticas de Yale, os boicotes de consumidores têm um efeito maior nas corporações do que a maioria das pessoas se dá conta. Cerca de um quarto dos boicotes que recebem atenção nacional consegue mudar as práticas empresariais. Por exemplo, graças à pressão do público por um tratamento mais humano das orcas, o SeaWorld concordou em parar de criar esses mamíferos marinhos em cativeiro. Boicotes e campanhas nas redes sociais também levaram a empresa dona da loja Zara a parar de vender peles em milhares de locais.

De modo semelhante, é possível pressionar bancos, seguradoras e investidores privados que emprestam dinheiro para novos projetos baseados em combustíveis fósseis, como oleodutos e fraturamento hidráulico. Com gritos de guerra contra os oleodutos, como #StopTheMoneyPipeline, ativistas estão pedindo a esses credores que retirem seus investimentos de projetos que prejudiquem o meio ambiente ou piorem as mudanças climáticas, como vimos no caso de Standing Rock. Bancos e outros credores não gostam de perder clientes, por isso, quando ativistas dizem que não farão mais negócios com quem investe em projetos de combustíveis fósseis, essas empresas sentem as consequências.

As campanhas de boicote tornaram as ações de empresas de combustíveis fósseis menos atraentes para muitos credores e investidores. Todas as grandes instituições — como universidades, igrejas, fundações ou governos municipais — mantêm seu dinheiro em uma espécie de fundo ou dotação. Esse dinheiro é então investido em ações e títulos. Antigamente, todos os grandes fundos mantinham investimentos em empresas de combustíveis fósseis. Mas, graças ao movimento pelo boicote a esse tipo de empresa, liderado por jovens e coordenado livremente pelo 350.org, fundos que somam cerca de US$ 11 trilhões se comprometeram a retirar seus investimentos de empresas de combustíveis fósseis. E muitos desses fundos se comprometeram a investir, em vez disso, em soluções climáticas.

Você pode não ser um grande investidor com ações das quais se desfazer, mas, como consumidor, ainda é possível dar um recado. Você pode parar de comprar alimentos e bebidas em lojas que não trocam canudos e sacos plásticos por seus substitutos de papel reciclável. Você pode escolher se alimentar com uma dieta baseada em vegetais, porque a pecuária contribui muito com as mudanças climáticas. Você pode comprar livros de livrarias locais para as quais é possível ir a pé, de bicicleta ou de ônibus, ou alugar livros em sua biblioteca, em vez de encomendá-los de uma empresa distante que gastará energia ao enviá-los para você.

E, quando você decidir participar de uma marcha ou manifestação, leve água em uma garrafa reutilizável. Atos individuais de protesto contra o desperdício e o consumismo também são importantes. E tornam-se ainda mais importantes se você conseguir convencer sua escola inteira, ou até mesmo o conselho escolar, a mudar o tipo de compras que são feitas e a forma de lidar com o lixo. Se você tem lido sobre os jovens ativistas do clima descritos neste livro, sabe que alguns deles realizaram campanhas bem-sucedidas para tornar suas escolas mais ecológicas. Veja se consegue convencer sua escola a instalar painéis solares no telhado ou começar a fazer compostagem de resíduos alimentares. Você pode não conseguir marchar na capital do seu país ou nem mesmo na capital do estado, mas está na escola todos os dias — então faça dela sua arena para combater as mudanças climáticas.

Greves no sul global

Antes de se formar no ensino médio, Vanessa Nakate tornou-se a primeira grevista climática do Fridays for Future no país africano de Uganda. Seu ativismo contra as mudanças climáticas foi motivado pela preocupação com o povo ugandense.

"Queria fazer algo que mudasse a vida das pessoas de minha comunidade e meu país", diz Nakate. "Meu país e a maior parte da população dependem muito da agricultura. Se nossas fazendas forem destruídas por enchentes ou secas e a produção agrícola for menor, isso significa que o preço dos alimentos vai subir.

Assim, só os mais privilegiados terão condições de comprar comida."

Enquanto pesquisava maneiras de chamar a atenção do público para o problema, Nakate soube das greves pelo clima do Fridays for Future. Ela decidiu começar organizando quatro greves. As pessoas não sabiam o que pensar disso. Mas Nakate aprendeu uma lição que muitos ativistas já sabem: é possível continuar defendendo aquilo que você sabe que é certo mesmo que os outros critiquem ou zombem de você.

Vanessa Nakate organizou a primeira greve pelo clima do Fridays for Future em Uganda.

"Bem, as pessoas acharam muito estranho me ver nas ruas", diz Nakate. "E algumas faziam comentários negativos, dizendo, por exemplo, que eu estava perdendo tempo e que o governo não ia dar ouvidos a nada que eu tivesse a dizer. Mas segui em frente."

Ela seguiu em frente e chegou a Madri, na Espanha, onde se juntou a manifestantes do mundo inteiro em uma cúpula do clima da ONU, em 2019.

Nakate vem se decepcionando com a cobertura da mídia em relação às mudanças climáticas. Como ela diz: "Os jornalistas continuam falando sobre as mudanças climáticas como se fosse uma questão do futuro, mas se esquecem de que, [para] as pessoas do sul global, é o presente. E eles precisam nos ajudar a relatar essas coisas, porque se não fizerem isso, nossos líderes não vão compreender a importância das nossas greves."

A mídia, incluindo as redes sociais, é essencial para qualquer movimento hoje em dia. Para os ativistas, isso significa duas coisas. Em primeiro lugar, baseie seu ativismo em boas informações, vindas de fontes confiáveis. Se você compartilhar informações erradas ou incompletas, isso pode acabar prejudicando a causa que você está tentando ajudar. Em segundo lugar, se você concorda com Nakate e sente que aspectos importantes das mudanças climáticas não têm sido divulgados nos veículos de imprensa que você acompanha, pode escrever para jornais, redes de notícias e outras fontes de informação para pedir uma cobertura mais ampla. Melhor ainda, envie uma carta ou petição com o maior número possível de assinaturas.

EXPLORE SEU AMBIENTE

Para algumas pessoas, o caminho para o ativismo é uma trilha de caminhada. Ou um passeio no parque, ou um mergulho em um lago. Aproximar-se da natureza pode levar ao ativismo ambiental.

O simples ato de passar um tempo ao ar livre é uma forma de ativismo. Isso diz que a natureza é importante e você se preocupa com ela.

Uma pequena semente de ativismo ambiental pode se transformar em algo grande. Felix Finkbeiner era um aluno do quarto ano na Alemanha quando teve que escrever uma redação sobre as mudanças climáticas. A princípio, planejou escrever sobre como salvar seu animal favorito. Depois, como ele diz: "Percebi que não se trata realmente do urso polar, mas de salvar os seres humanos."

Enquanto pesquisava para sua redação, Finkbeiner leu sobre Wangari Maathai, a ativista africana defensora da plantação de árvores. (Para mais informações sobre Maathai, veja o capítulo 3.) Ele escreveu sobre como o plantio de árvores pode ajudar o meio ambiente e combater as mudanças climáticas. Quando apresentou o texto para a turma, encerrou com um grande desafio: os alemães deveriam plantar um milhão de novas árvores no país. Alguns meses depois, ele plantou sua primeira árvore. Era uma pequena macieira que sua mãe comprou para que ele plantasse perto da escola. Mais tarde, Finkbeiner brincou que, se soubesse quanta atenção o gesto receberia, teria pedido uma árvore mais impressionante.

A imprensa e as redes sociais compartilharam a notícia do garoto que havia feito um apelo comovente por mais árvores. A missão de Finkbeiner recebeu tanta atenção que, quatro anos depois, a ONU o convidou para ir a Nova York dar uma palestra sobre a plantação de árvores. Naquela época, a Alemanha já havia plantado sua milionésima árvore.

Felix Finkbeiner, da Alemanha, lidera uma missão para o plantio de um trilhão de árvores.

Finkbeiner fundou um grupo sem fins lucrativos chamado Plant-for-the-Planet. Seu objetivo é plantar um trilhão de novas árvores na Terra. O grupo de jovens conduz oficinas rápidas para crianças de todo o mundo. Elas aprendem em um dia a plantar árvores e a começar suas próprias campanhas de plantação. Como ele disse, o plantio de árvores é algo que crianças e adolescentes podem fazer para combater as mudanças climáticas agora, sem esperar que os adultos resolvam o problema.

Você não precisa discursar na ONU ou fundar uma organização para compartilhar os benefícios do plantio de árvores. Lembre-se, o projeto de Finkbeiner teve início com apenas uma árvore. Procure parques em sua região que organizem dias de plantação e veja se pode ser voluntário. Descubra se alguma organização ambientalista, como a Audubon Society ou o Sierra Club, tem uma filial perto de você que esteja conduzindo um projeto de plantação de árvores. Sugira um projeto de plantação para jovens em sua escola, colônia de férias, clube ou organização religiosa.

Qualquer projeto de plantio de árvores, seja uma nova árvore em seu quintal ou uma floresta sendo restaurada, precisa de duas coisas para ter sucesso. Em primeiro lugar, as árvores plantadas têm que ser adequadas ao local. Devem ser espécies nativas da área, para que possam se desenvolver no solo e no clima que já existem. Isso também é bom porque as árvores nativas são as fontes ideais de alimento e hábitat para os pássaros e os animais que vivem ali.

Em segundo lugar, as árvores devem ser plantadas adequadamente. Isso pode significar cavar os buracos até certa profundidade ou espaçá-los a uma distância determinada. Pode até mesmo significar que as árvores jovens precisem ser cercadas durante os primeiros anos, para protegê-las dos animais que podem tentar comê-las. Viveiros que vendem mudas de árvores para o plantio terão essas informações, assim como grupos que organizam projetos assim.

Existem muitas outras maneiras de se aproximar da natureza. Você pode decidir começar a acampar ou observar pássaros. Experimente a jardinagem orgânica como forma de aprender sobre o solo e os ciclos de vida das plantas. No jardim da escola, no quintal ou em alguns vasos no parapeito da janela ou na varanda, você pode cultivar flores ou ervas frescas, verduras e vegetais.

Voluntariar-se para fazer parte de uma equipe de limpeza é outra forma de ativismo ao ar livre. Muitas cidades e grupos ambientalistas locais patrocinam "dias de limpeza", em que pessoas recolhem lixo de parques, trilhas, praias ou margens de rios.

Por fim, diversas organizações ambientalistas trabalham no mundo inteiro para proteger o planeta e os animais silvestres. Algumas delas recebem membros jovens, e algumas patrocinam caminhadas ou projetos voluntários em comunidades.

Faça uma pesquisa e veja se consegue encontrar um grupo que lhe agrade. Juntar-se a outras pessoas pode ser sua maneira de se tornar ecológico. É também um lembrete de que a solução para as mudanças climáticas não diz respeito apenas ao planeta — mas também às pessoas com quem o compartilhamos.

"Não podemos comer dinheiro ou beber petróleo"

A adolescente Autumn Peltier é uma guerreira da água. Peltier é membro da Primeira Nação Wiikwemikoong, do Canadá. A água sempre foi uma parte importante de sua vida. Seu lar, uma ilha em Ontário, é cercado pelas águas do lago Huron.

Quando Peltier tinha oito anos, visitou outra comunidade das Primeiras Nações e ficou chocada ao ver uma placa advertindo que as pessoas não deveriam beber a água antes de fervê-la. Isso a levou ao caminho do ativismo. Seu exemplo era a tia-avó,

Josephine Mandamin, que havia dedicado a vida a proteger as águas dos Grandes Lagos — os cinco grandes corpos d'água entre o Canadá e os Estados Unidos. Certa vez, Mandamin deu a volta em todos os cinco lagos para chamar a atenção para a poluição local.

Peltier começou a defender a necessidade de proteger as águas. Ela era tão eloquente que, aos catorze anos, foi nomeada comissária-chefe da água pela Nação Anishinabek — um cargo que sua tia-avó ocupara antes de falecer. Isso fez de Peltier a principal porta-voz da proteção das águas de quarenta Primeiras Nações na província de Ontário. Peltier considera a tia-avó sua heroína. "Vou levar seu trabalho adiante até que ele não seja mais necessário", diz ela.

Peltier certamente deu continuidade ao trabalho de sua tia-avó. Ela se pronunciou diante do primeiro-ministro do Canadá e em encontros da ONU sobre o direito das pessoas à água limpa e potável e sobre a importância da água não poluída para o meio ambiente. Pediu a suspensão de projetos industriais e comerciais que ameacem ou prejudiquem o abastecimento de água das comunidades. Aos quinze anos, em 2019, ela declarou em uma reunião na ONU: "Já disse uma vez e vou repetir: não podemos comer dinheiro ou beber petróleo." Suas palavras são um lembrete de que, mesmo em países ricos, existem comunidades que não têm acesso à água potável e saudável. Em geral, essas comunidades são formadas por pessoas negras e indígenas. Um exemplo nos Estados Unidos é a cidade de Flint, no Michigan, onde os residentes lutam há anos contra um sistema de gerenciamento de água falido e ainda recebem água imprópria para consumo nas torneiras. O ativismo de Peltier parte do princípio de que a água potável não deveria ser um privilégio de alguns, mas um direito de todos.

POLITIZE-SE

"Vamos nos mobilizar para votar contra vocês", disse Komal Karishma Kumar, uma jovem da ilha de Fiji, no Pacífico, que falou aos representantes da ONU em setembro de 2019. Ela e outros jovens ativistas do clima disseram aos líderes dos países-membro que as crianças e adolescentes estão de olho neles. Quando tiverem idade suficiente para votar, se lembrarão de quem agiu para combater as mudanças climáticas e de quem não fez nada.

Pode ser que ainda faltem alguns anos para que você esteja apto a votar, mas saiba que nunca é cedo demais para se envolver na política. Você viverá o resto de sua vida no mundo que os líderes políticos de hoje estão construindo com as ações que tomam a respeito das mudanças climáticas — ou que deixam de tomar.

Mude as políticas, não o clima. Em um aviso aos líderes políticos do *status quo*, jovens ativistas do clima mostram que querem que os políticos mudem — e, a cada dia, mais e mais deles se tornam eleitores.

Nunca é cedo para começar a mostrar a eles que você está prestando atenção.

Se a ação política lhe parece a melhor maneira de conseguir justiça social ou combater as mudanças climáticas, comece descobrindo quem são seus representantes, desde o âmbito local até o nacional. O que eles já disseram sobre o aquecimento global e as mudanças climáticas? O que já disseram sobre os direitos das populações pobres e dos povos indígenas? Suas ações condizem com suas declarações?

Considere comparecer a assembleias municipais — reuniões em que seus representantes respondem a perguntas e discutem questões com a comunidade. Se eles não realizam assembleias, considere enviar um email. Se eles votaram ou tomaram medidas que apoiam a justiça e combatem as mudanças climáticas, agradeça. Se não for o caso, explique qual é a questão mais importante para você e por quê.

Cada vez mais políticos têm se dado conta de que precisam começar a prestar atenção nos jovens. Você pode não ser um eleitor ainda, mas será no futuro. Você também pode ter o poder de influenciar o voto de familiares mais velhos.

Por falar em voto, se você já tem idade suficiente para votar em qualquer eleição, faça isso. Pesquise o posicionamento dos candidatos. Apoie aqueles que melhor representem suas visões e suas expectativas para o futuro. Ofereça-se para ajudar em suas campanhas.

O ativismo político definitivo é você mesmo entrar na política. Se você se dá bem em meio à energia e à emoção da política, considere se candidatar a um cargo público. Se houver uma posição a que possa concorrer em sua escola ou universidade, você pode incluir uma questão de justiça social ou mudanças climáticas em sua campanha. Sua voz pode informar ou inspirar outras pessoas, para que mais gente se envolva.

Para além da escola, eleitores em muitas partes do mundo estão levando jovens a cargos públicos. Chlöe

Swarbrick, da Nova Zelândia, concorreu às eleições representando o Green Party, que se posiciona fortemente a favor da proteção do meio ambiente e do combate às mudanças climáticas. Ela foi eleita ao parlamento de seu país com apenas 23 anos.

Na Austrália, os eleitores elegeram Jordon Steele-John para o parlamento nacional quando ele tinha 22 anos. Primeiro membro eleito do parlamento com deficiência, Steele-John representa o Australian Greens, partido que apoia a sustentabilidade ecológica, a justiça social e a democracia em nível comunitário.

Steele-John disse que a Austrália deveria reduzir sua idade mínima de voto para dezesseis anos, como em alguns países da Europa e da América do Sul. Centenas de milhares de jovens já mostraram que estão focados no futuro. Eles também podem sentir menos pressão do que os adultos para proteger o *status quo* quando isso claramente não está funcionando. Se as pessoas de dezesseis anos pudessem votar em todos os países, será que estaríamos mais perto de um futuro justo e habitável?

USE A LEI
Neste livro, vimos exemplos de como os jovens estão usando a lei para desafiar governos, empresas poluidoras e construtores de oleodutos. De denúncias relacionadas ao clima na ONU até processos contra estados e empresas, as ações judiciais provavelmente se tornarão mais comuns à medida que a crise climática se torne mais urgente. E

mais uma está em andamento agora nas nações insulares do Pacífico.

Em 2019, Solomon Yeo e sete outros estudantes de direito da região fundaram um grupo ativista chamado Pacific Islands Students Fighting Climate Change (Estudantes das Ilhas do Pacífico contra Mudanças Climáticas). O PISFCC faz parte do Climate Action Network, um conjunto internacional de grupos ativistas. A missão do PISFCC é combater as mudanças climáticas por meios legais. O grupo pediu aos líderes das nações insulares do Pacífico que buscassem medidas contra as mudanças climáticas na ONU e na Corte Internacional de Justiça (CIJ).

"Em primeiro lugar, as mudanças climáticas estão ameaçando nossos direitos humanos fundamentais, de acordo com a lei internacional, e em segundo lugar, nós, das ilhas do Pacífico, devemos fazer tudo que estiver ao nosso alcance para combater as emissões globais de carbono", disse o grupo. Yeo espera que levar casos relacionados às mudanças climáticas para a CIJ possa "ajudar os governos a compreender seu dever de proteger as gerações futuras".

Yeo e outros jovens ativistas do clima sabem que ações judiciais costumam ser demoradas e podem custar caro. Mas, assim como a política e os protestos, a lei é uma ferramenta que os ativistas podem usar quando as circunstâncias exigem.

Você pode encontrar uma maneira de contribuir com seu apoio a uma ação climática ou judicial que já existe, como os jovens que assinaram a petição do Zero Hour em apoio ao grupo que deu entrada no processo *Juliana* sobre o qual falamos no capítulo 6. Em algum momento, talvez você até se junte a outros jovens que pensem parecido para descobrir o que seria necessário para iniciar um processo judicial pelo clima por conta própria. A lei nem sempre é uma ferramenta simples de se usar, mas pode ser uma das mais poderosas.

ARTE VERDE

Pessoas criativas produziram obras de arte históricas durante o New Deal original. O governo ofereceu a elas o mesmo tipo de ajuda que outros tipos de trabalhadores receberam. Por meio da Works Progress Administration e do Tesouro dos Estados Unidos, projetos federais ofereceram trabalhos significativos para dezenas de milhares de pintores, autores, músicos, dramaturgos, escultores, cineastas, atores e artesãos. Artistas negros e indígenas receberam mais apoio do que nunca.

O resultado foi uma explosão de criatividade. O Federal Art Project por si só produziu cerca de 475 mil obras de arte visual, incluindo dois mil pôsteres, 2.500 murais e cem mil pinturas para espaços públicos. O Federal Music Project foi responsável por 225 mil apresentações que alcançaram um total de 150 milhões de norte-americanos.

O propósito de muitas dessas obras de arte era simplesmente levar alegria e beleza para a vida das pessoas em meio à miséria da Grande Depressão. Alguns artistas, porém, procuraram capturar essa dificuldade. Eles queriam mostrar por que o New Deal era tão desesperadamente necessário.

Hoje, à medida que encaramos a luta para salvar nosso planeta e uns aos outros, a arte continua tendo esse poder. Ela pode nos trazer alegria e nos lembrar pelo que estamos lutando.

Os alertas sobre as mudanças climáticas às vezes parecem um fluxo constante de fatos e imagens terríveis sobre como a situação está ruim, ou como ainda pode piorar. Esses fatos e imagens são necessários, mas também precisamos de fotos, músicas e histórias que nos deem esperança. Precisamos de arte que celebre um futuro positivo e como chegar lá.

Esse é o espírito do curta de animação de sete minutos intitulado "A Message from the Future" (Uma mensagem do futuro). Talvez você já tenha visto na escola. O vídeo tem sido compartilhado em salas de aula desde os primeiros anos até as universidades. Também está disponível para assistir on-line gratuitamente. Eu ajudei a criar o filme, ao lado da artista Molly Crabapple, da congressista Alexandria Ocasio-Cortez, do cineasta e organizador de justiça climática Avi Lewis (que, por acaso, também é meu marido) e muitos outros.

É uma história que se passa no futuro. Fala de como, na hora certa, um número suficiente de pessoas nos Estados Unidos — a maior economia do planeta — passou a acreditar que valia a pena nos salvar. O filme mostra o futuro construído por um New Deal Verde. Em meio a pinturas exuberantes de um mundo próspero, Ocasio-Cortez fala do futuro, nos dizendo o que aconteceu:

Nós mudamos nossos hábitos. Nós nos tornamos uma sociedade não só moderna e rica, mas também digna e humana. Ao nos comprometermos com direitos universais, como saúde e trabalho significativo para todos, paramos de ter tanto medo do futuro. Paramos de ter medo uns dos outros. E encontramos nosso propósito comum.

Como você verá se assistir ao filme, uma das maneiras pelas quais uma "mensagem do futuro" pode inspirar o ativismo no presente é nos encorajando a acreditar que a mudança é possível, nos ajudando a imaginar o mundo depois da vitória.

Outros artistas estão encontrando novas maneiras de expressar suas ideias sobre clima e justiça. O artista ambientalista Xavier Cortada, que mora perto de Miami, pintou números em milhares de placas, com linhas onduladas para marcar a superfície do mar. Ele deu as placas às pessoas que têm casas em Pinecrest, um subúrbio de Miami. Cada placa mostrava o quanto a água teria que subir para cobrir aquela propriedade. Uma placa com o número "3", por exemplo, significava que uma elevação no nível do mar de três pés (cerca de noventa centímetros) deixaria aquela casa debaixo d'água. As crianças entenderam o recado e começaram a pintar placas parecidas e fixá-las ao longo de estradas e perto de escolas. Esse projeto de arte causou um impacto. Uma organização de proprietários de imóveis se formou em Pinecrest para se concentrar nas mudanças climáticas, com um oceanógrafo como líder.

Crianças e adolescentes também estão criando arte sobre o clima. Como vimos no capítulo 3, uma menina de doze anos compôs a música que os participantes da Greve Escolar pelo Clima cantaram em Christchurch, Nova Zelândia. Em Portland, Oregon, todos os anos um projeto chamado Honoring Our Rivers (Honrando nossos rios) convida alunos do jardim de infância até a faculdade a criar obras de arte, histórias e poemas sobre as hidrovias da região. Alguns trabalhos são publicados em forma de livro e apresentados ao público em uma livraria. Bibliotecas e outros prédios públicos, bem como escolas, costumam exibir pôsteres e outras obras de arte criadas por jovens sobre temas ambientais.

Talvez você seja artista, compositor ou contador de histórias. Talvez esteja experimentando criar filmes, videogames ou histórias em quadrinhos. Você pode utilizar qualquer uma dessas ferramentas criativas para compartilhar suas ideias, seus medos, suas esperanças e seus pontos de vista.

Pessoas criativas estão sempre descobrindo novas maneiras de se comunicar. Algumas pessoas que tricotam, por exemplo, estão produzindo "cachecóis climáticos". Elas procuram os registros diários ou anuais de temperatura de suas cidades natais, de seus países ou do mundo, associam temperaturas às cores, do azul-escuro para os dias mais frios ao roxo-escuro para os mais quentes, com variações de verde, amarelo, laranja e vermelho. Então, tricotam longos cachecóis, com cada fileira colorida representando um dia ou ano na cor correspondente à temperatura.

Você pode compartilhar sua arte climática de outra maneira. Se sabe mexer com pincéis ou com máquinas de costura, ofereça ajuda aos seus amigos ou colegas de classe para produzir cartazes, faixas ou fantasias para vestir nas marchas e manifestações. Arte e protesto costumam caminhar de mãos dadas. Não importa o que escolha, explore a criatividade que só você tem. Arte e entretenimento podem fazer com que as pessoas ouçam e podem ajudá-las a entender mensagens, especialmente aquelas difíceis de ouvir.

ENCONTRE UM MOVIMENTO — OU CRIE O SEU

Um ativista que trabalha sozinho pode causar um grande impacto no mundo mesmo assim.

Rachel Carson não fazia parte de um movimento quando escreveu *Silent Spring*. Mas, como vimos no capítulo 5, seu trabalho solitário e apaixonado foi uma grande inspiração para o movimento ambientalista dos anos 1970. E este movimento, por sua vez, deu origem a uma era de ouro de leis destinadas a proteger o mundo natural.

Com cada vez mais frequência, grupos que enfrentam uma grande variedade de questões em justiça social, ambientalismo e ativismo climático estão unindo suas forças em eventos educativos, projetos, marchas e manifestações.

Tanto abordagens individuais quanto em grupo são boas. O caminho à nossa frente tem espaço para muitas causas e muitos tipos de ativismo.

Se a ideia de trabalhar com outras pessoas por uma causa em comum anima você, se quer dar e receber apoio de pessoas que compartilham de seus objetivos, então encontre um movimento e entre de cabeça. Ou crie seu próprio movimento e procure outros que queiram se juntar a você.

Os movimentos fazem a diferença. Você pode ser o atrito, a resistência necessária para desacelerar a máquina que está colocando o mundo em chamas.

CONCLUSÃO

Você é o terceiro fogo

Você está vivendo um momento decisivo.

Como vimos ao longo deste livro, os seres humanos estão diante da possibilidade de um grande desastre causado pelas mudanças climáticas, mas este momento perigoso também traz uma oportunidade extraordinária. Ainda temos o poder de salvar inúmeras vidas humanas, as paisagens que conhecemos e muitas espécies de animais e plantas.

Os jovens organizadores do Sunrise Movement dizem que este momento está repleto de "promessas e perigos". O perigo é o colapso climático, que já está em andamento. Certas pessoas e partes do mundo sofrerão mais do que outras, ou mais cedo, mas todos nós estamos em perigo —

a menos que limitemos o aquecimento de nosso planeta. A *promessa* é que nós *podemos* limitar esse aquecimento, se formos ousados o suficiente para aproveitar o momento e fazer grandes mudanças. E, ao fazer essas mudanças, temos a oportunidade de abordar muitas outras crises que nossa sociedade enfrenta, desde a falta de moradia até o racismo. O New Deal Verde diz: façamos tudo ao mesmo tempo!

Agora é a hora de repensar o modo como vivemos, comemos, viajamos, fazemos negócios e ganhamos nosso sustento. Juntos, podemos fazer mais do que combater o aumento das temperaturas. As mudanças que fizermos para proteger a Terra também podem proteger e fortalecer nossas comunidades mais vulneráveis e negligenciadas, criando um mundo mais justo e seguro para todos.

As mudanças climáticas agravam todas as nossas mazelas sociais. Aceleram ou fortalecem os efeitos negativos de guerras, racismo, desigualdade, violência doméstica e falta de assistência médica. E se, em vez disso, elas acelerassem ou fortalecessem as forças que trabalham pela paz, pela igualdade econômica e pela justiça social?

A crise climática é uma ameaça ao futuro de nossa espécie. Essa ameaça tem um prazo final, firme e embasado na ciência. E esse prazo pode ser exatamente aquilo de que precisamos para, enfim, unir movimentos que acreditem no valor de todas as pessoas e na teia da vida.

A depender do que fizermos agora, podemos sair desta crise com algumas coisas melhores do que eram antes.

Jovens pelo clima. Unindo-se em movimentos, com sede de justiça social e ambiental, jovens como esses manifestantes na Bélgica — e como você — podem mudar o mundo.

Podemos obter energia renovável do sol e do vento, bem como meios de transporte mais ecológicos e um mundo com mais árvores, pântanos e campos. Ao protegermos os hábitats e limitarmos nossa caça de animais selvagens e a destruição de hábitats naturais, podemos dar às outras espécies da Terra uma chance melhor de dividir o futuro conosco. Teremos menos lixo, porque teremos reduzido nosso uso de plástico, especialmente descartável, e teremos ar e água mais puros.

Podemos também ter uma participação mais ampla no governo e no planejamento, com vozes mais diversas. Podemos reconhecer os direitos dos povos indígenas à terra e criar oportunidades para aprendermos com seu conhecimento. Podemos ter um mundo em que a riqueza e os recursos são divididos de forma mais justa. Podemos nos recusar a tratar qualquer pessoa ou lugar como uma "zona de sacrifício".

Nossa casa está em chamas. É tarde demais para salvar *todas* as nossas coisas, mas ainda podemos salvar uns aos outros e muitas outras espécies também. Vamos apagar o fogo e construir algo diferente no lugar. Algo um pouco menos sofisticado, mas com espaço para todos aqueles que precisam de abrigo e cuidados.

Eu vejo três fogos no momento. Um fogo vem das mudanças climáticas, queimando o mundo que conhecíamos. Outro fogo é a raiva, o medo e a xenofobia crescentes que vieram à tona no tiroteio na Nova Zelândia, sobre o qual falamos no capítulo 3. Essas emoções estão movendo algumas decisões políticas no mundo todo. Elas endurecem o coração dos indivíduos e as fronteiras dos países, e levam as pessoas a apoiarem líderes autoritários.

Mas o terceiro fogo é aquele que arde da nova geração de jovens ativistas como você. Suas vozes nos dão energia. Suas visões apontam para nosso melhor futuro. Agora, precisamos alimentar esse terceiro fogo e ajudá-lo a crescer.

Quanto mais faíscas o fogo tiver, com mais força ele vai arder. Eu convido você a juntar sua faísca às nossas.

Você está pronto para mudar tudo?

POSFÁCIO

Aprendendo com a pandemia do coronavírus

Assim que terminei este livro, na primavera de 2020, um novo vírus contagioso surgiu, infectando pessoas com uma doença conhecida como COVID-19. Ele se espalhou rapidamente, e logo o mundo se viu nas garras de uma pandemia do coronavírus.

Milhões de pessoas foram infectadas. Muitas vidas foram tragicamente perdidas e famílias foram destruídas. A pandemia também custou às pessoas seus empregos e negócios, esgotou recursos como comida e suprimentos médicos, e quase paralisou economias de países inteiros. Assim como os furacões, as enchentes e os tornados que devastaram as comunidades de que falamos ao longo deste livro, o coronavírus foi um desastre — que se desenvolveu em escala global.

O mundo está temporariamente fechado. Uma pandemia de coronavírus parou o mundo (incluindo um teatro chamado World), no início de 2020. Como todos os desastres, trouxe uma oportunidade de mudança.

Agora, assim como acontece com esses desastres, eu convido você a pensar sobre o futuro e sobre o que a pandemia nos mostrou.

A pandemia do coronavírus abalou muitos de nossos sistemas, padrões e hábitos existentes. É natural que as pessoas que sofrem durante um desastre anseiem por um retorno à normalidade, mas, na verdade, depois de um desastre tão grande, o mundo não será mais o mesmo. Ele vai mudar, mas mudará para pior ou para melhor?

Na Índia, nos primeiros meses da crise do coronavírus, a autora Arundhati Roy compartilhou sua visão da pandemia como um portal — ou porta de entrada — para o futuro. Ela escreveu: "Historicamente, as pandemias forçaram os seres humanos a romper com o passado e imaginar seu mundo do zero. Esta não é diferente. É um portal, uma passagem entre um mundo e o próximo.

"Podemos escolher passear por ele, arrastando conosco as carcaças de nossos preconceitos e ódio, de nossa avareza, de nossos bancos de dados e ideias antiquadas, de nossos rios mortos e céus poluídos. Ou podemos caminhar com leveza, com pouca bagagem, prontos para imaginar outro mundo. E prontos para lutar por ele."

Em outras palavras: após esta crise trágica, podemos voltar correndo para onde estávamos, sabendo que muitas pessoas serão deixadas para trás. Ou podemos aproveitar a oportunidade para reconstruir nosso futuro de um jeito diferente, com nossa preocupação ampliada para incluir a todos. Ao pensarmos em como esse futuro pode ser moldado, devemos nos lembrar do que aprendemos durante a pandemia, além de pôr em prática o que aprendemos sobre a crise climática.

A pandemia revelou que os líderes e órgãos de muitas sociedades, exatamente aqueles que deveriam nos guiar e nos ajudar em uma crise, estavam mal preparados, destreinados e incapazes de desenvolver e comunicar um plano claro para lidar com o vírus. Por anos, a esfera pública ficou sem investimentos em nome do "Estado mínimo". Pessoas com experiência e conhecimentos úteis deixaram ou foram destituídas de cargos públicos. O resultado: quando milhões de pessoas precisaram da

Como sempre acontece durante desastres, as pessoas comuns encontraram maneiras de ajudar umas às outras e às suas comunidades em meio à pandemia de COVID-19.

ajuda do Estado, foram deixadas na mão, ou foram forçadas a depender de governos locais com orçamentos menores.

Nos Estados Unidos, com seu alto número de infectados, o coronavírus evidenciou o que significa ter um sistema de saúde que só busca o lucro em vez de tratar a assistência médica como direito de todo cidadão. Pessoas sem plano de saúde tinham medo de buscar tratamento, enquanto muitas que o faziam encontravam um sistema de saúde despreparado para tratá-las de forma adequada. Executivos de hospitais e líderes do setor médico há muito tentavam gastar o mínimo possível e ganhar o máximo para si próprios e seus investidores. Eles insistiam no menor número de leitos vazios e nas menores equipes com as quais fosse possível se virar. Eles nunca haviam estocado insumos básicos que seriam necessários em uma emergência de saúde pública.

Mas o vírus não é apenas uma questão de saúde pública. Ele também trouxe à tona muitas das verdades ambientais exploradas neste livro. Em abril de 2020, um grupo de cientistas especializados em vida selvagem e ecossistemas da Plataforma Intergovernamental sobre Biodiversidade e Serviços Ecossistêmicos escreveu sobre a ligação entre pandemias e nosso uso inconsequente da natureza. "As pandemias recentes", disseram eles, "são uma consequência direta da atividade humana, em particular de nossos sistemas financeiros e econômicos globais que prezam pelo crescimento econômico a todo custo."

Mais de dois terços das novas doenças humanas passam de animais para seres humanos. Acredita-se que o coronavírus, por exemplo, tenha existido em morcegos sem causar dano algum. Mas atividades como o desmatamento e a criação de minas, estradas e fazendas em áreas antes selvagens estão fazendo com que as pessoas tenham cada vez mais contato e conflitos com outras espécies. O mesmo acontece com a exploração da vida selvagem para alimentação e domesticação. E, uma vez que uma doença passa de um animal para um hospedeiro humano, nossas cidades populosas e as viagens aéreas globais ajudam a espalhá-la rápida e amplamente entre as pessoas. Segundo os cientistas, os planos de reconstrução econômica após a pandemia do coronavírus devem incluir proteções ambientais mais rígidas em todo o mundo.

Quando os governos agiram para desacelerar a disseminação do vírus ao ordenar que o comércio fechasse e as pessoas trabalhassem de casa sempre que possível, o tráfego de veículos se reduziu a uma fração do nível normal. O mesmo se deu com as viagens aéreas. Essas mudanças pareciam trazer boas notícias para o clima: ar mais puro e redução nas emissões de gases do efeito estufa. Mas, por mais que fossem positivas, eram mudanças de curto prazo. Elas foram impostas às pessoas, muitas das quais ansiavam por voltar à "vida normal" pré-pandemia. Não se tratava das mudanças profundas e de longo prazo em nossos sistemas de energia e deslocamento, necessárias para tornar o ar mais limpo e reduzir as emissões em definitivo.

Por fim, a pandemia foi uma cruel evidência da injustiça ambiental. Os índices de infecções graves e mortes foram maiores entre aqueles que moravam em áreas de ar mais poluído. Os ambientes nocivos em que viviam tornaram as pessoas mais vulneráveis ao vírus — e as que viviam em bairros com o ar mais poluído eram, geralmente, pobres e não brancas. Dessa forma, a injustiça ambiental levou à injustiça médica.

Após a crise da Grande Depressão nos anos 1930, os Estados Unidos encontraram tanto a vontade quanto o dinheiro para transformar a sociedade e reerguer muitos norte-americanos em sofrimento. Em tempos de crise, ideias que antes pareciam impossíveis de repente tornam-se possíveis — mas quais? As justas e adequadas, desenvolvidas para manter o maior número de pessoas o mais seguro possível, ou as ideias predatórias, destinadas a tornar os incrivelmente ricos ainda mais ricos? O governo vai gastar bilhões de dólares para continuar socorrendo indústrias que já são ricas, como combustíveis fósseis, navios de cruzeiro e companhias aéreas? Ou será que em vez disso o dinheiro será direcionado à assistência médica para todos e um New Deal Verde que criará empregos *e* combaterá as mudanças climáticas?

A maior lição que consigo ver da pandemia do coronavírus é que todos, desde indivíduos e famílias até líderes governamentais, fizeram mudanças difíceis, mas necessárias — mudanças que nenhum de nós poderia ter imaginado antes. E muitas pessoas enfrentaram o desafio de formas criativas e generosas, fazendo máscaras e equipamentos para os profissionais de saúde, tomando conta de vizinhos idosos, fazendo o possível para ajudar. Os governos encontraram fundos para injetar na economia de seus países.

A pandemia nos testou de todas as formas. Também nos mostrou mais uma vez que mudanças grandes e rápidas nos rumos da sociedade são possíveis. É possível, de fato, *mudar tudo*. Nosso desafio agora é usar essa criatividade, essa energia e esses recursos não só contra a COVID-19, mas também contra as mudanças climáticas e a injustiça, e por um futuro mais justo.

Uma solução natural para o desastre climático

(CARTA PÚBLICA DE ABRIL DE 2019)

O mundo enfrenta duas crises existenciais que se desenrolam em uma velocidade assustadora: o colapso climático e o colapso ecológico. Nenhum dos dois está sendo tratado com a urgência necessária para evitar que nossos sistemas de suporte à vida desmoronem. Estamos escrevendo para defender uma abordagem importante, mas muitas vezes negligenciada, para evitar o caos climático e, ao mesmo tempo, defender o mundo em que vivemos: soluções climáticas naturais. Isso significa retirar dióxido de carbono do ar protegendo e restaurando ecossistemas.

Ao defender, restaurar e restabelecer florestas, turfeiras, manguezais, pântanos, fundos do mar naturais e outros ecossistemas cruciais, grandes quantidades de carbono podem ser removidas do ar e armazenadas. Ao mesmo tempo, a proteção e a restauração desses ecossistemas podem ajudar a minimizar uma sexta grande extinção, enquanto se aumenta a resiliência da população local contra os desastres climáticos. Defender o mundo natural e defender o clima é, em muitos casos, a mesma coisa. Esse potencial, até o momento, tem sido amplamente subestimado.

Convidamos os governos a apoiar as soluções climáticas naturais com um programa urgente de pesquisa, financiamento e compromisso político. É essencial que trabalhem com a orientação e o consentimento livre, prévio e bem informado dos povos indígenas e de outras comunidades locais.

Essa abordagem não deve ser usada como substituta para a descarbonização rápida e abrangente das economias industriais. Um programa comprometido e bem financiado para se dedicar a todas as causas do caos climático, incluindo as soluções climáticas naturais, poderia nos ajudar a manter o aquecimento do planeta abaixo de 1,5°C. Pedimos que essas medidas sejam implementadas com a urgência que a crise exige.

Greta Thunberg *Ativista*
Margaret Atwood *Autora*
Michael Mann *Distinto professor de ciências atmosféricas*
Naomi Klein *Autora e militante*

Mohamed Nasheed *Ex-presidente, Maldivas*
Rowan Williams *Ex-arcebispo da Cantuária*
Dia Mirza *Atriz e embaixadora da boa vontade do meio ambiente da ONU*
Brian Eno *Músico e artista*
Philip Pullman *Autor*
Bill McKibben *Autor e militante*
Simon Lewis *Professor de ciência da mudança global*
Hugh Fearnley-Whittingstall *Apresentador e autor*
Charlotte Wheeler *Cientista da restauração florestal*
David Suzuki *Cientista e autor*
Anohni *Musicista e artista*
Asha de Vos *Bióloga marinha*
Yeb Saño *Ativista*
Bittu Sahgal *Fundador, Sanctuary Nature Foundation*
John Sauven *Diretor-executivo, Greenpeace UK*
Craig Bennett *CEO, Friends of the Earth*
Ruth Davis *Subdiretora de programas globais, RSPB*
Rebecca Wrigley *Diretora geral, Rewilding Britain*
George Monbiot *Jornalista*

DESCUBRA MAIS

Livros

Diavolo, Lucy, ed. *No Planet B: A Teen Vogue Guide to the Climate Crisis.* Chicago: Haymarket Books, 2021.

Margolin, Jamie. *Youth to Power: Your Voice and How to Use It.* Nova York: Hachette Go, 2020.

Nardo, Don. *Planet Under Siege: Climate Change.* San Diego: Reference Point Press, 2020.

New York Times Editorial. *Climate Refugees.* Nova York: New York Times Educational Publishing, 2018.

Thunberg, Greta. *Nossa casa está em chamas – Ninguém é pequeno demais para fazer a diferença.* Rio de Janeiro: BestSeller, 2019.

Recursos on-line para ajudá-lo a se envolver

https://www.youtube.com/watch?v=KAJsdgTPJpU
Do canal PBS Newshour, o discurso inflamado de Greta Thunberg na ONU, em 23 de setembro de 2019.

https://www.youtube.com/watch?v=d9uTH0iprVQ
A Message from the Future

Um curta-metragem de animação sobre a vida após o New Deal Verde, narrado por Alexandria Ocasio-Cortez e criado por Molly Crabapple, Avi Lewis e Naomi Klein.

https://www.youtube.com/watch?v=2m8YACFJlMg
A Message from the Future II: Years of Repair
Este curta-metragem de animação explora um futuro em que a pandemia global de 2020 e as manifestações contra o racismo se tornaram o ponto de partida para a construção de uma sociedade melhor e a cura de nosso planeta.

https://www.youtube.com/watch?v=_h1JbSBqZpQ
Autumn Peltier e Greta Thunberg
Neste vídeo, Naomi Klein entrevista as jovens ativistas Autumn Peltier e Greta Thunberg, que foram tema de documentários no Festival Internacional de Cinema de Toronto, em 2020.

https://solutions.thischangeseverything.org/
O Beautiful Solutions reúne histórias, ideias e valores de justiça social e ambiental, com muitos exemplos de ativistas — incluindo jovens — que trabalham para atingir essas metas no mundo inteiro.

https://stopthemoneypipeline.com/
Stop the Money Pipeline é um movimento que responsabiliza a indústria de combustíveis fósseis pelos danos que está causando ao clima global. Seu objetivo é instruir as pessoas a respeito do dinheiro por trás dos projetos de combustíveis fósseis e desencorajar bancos e outras instituições a investirem nesses projetos.

https://leapmanifesto.org/en/the-leap-manifesto/
The Leap Manifesto é um apelo por democracia energética, justiça social e uma vida pública "baseada no cuidado com a Terra e uns com os outros". Embora os representantes indígenas e os ativistas de diversos movimentos tenham criado o Leap como um plano para o Canadá, sua visão se aplica a qualquer lugar.

https://www.youtube.com/watch?v=kP5nY8lzURQ
Sink or Swim é o vídeo de 7,5 minutos da jovem ativista Delaney Reynolds em uma palestra no TEDxYouth sobre mudanças climáticas.

https://naomiklein.org/
Site da autora Naomi Klein, com informações sobre seu trabalho jornalístico, livros e filmes.

https://www.sunrisemovement.org/
Site do Sunrise Movement, onde você pode encontrar recursos e informações sobre grupos em sua região.

https://climatejusticealliance.org/workgroup/youth/
Página do Youth Working Group do Climate Justice Alliance.

https://www.earthguardians.org
O Earth Guardians tem um compromisso com a diversidade e treina jovens do mundo todo para se tornarem líderes na luta por justiça social, climática e ambiental.

http://thisiszerohour.org
Site do Zero Hour, fundado e liderado por ativistas não brancos.

https://strikewithus.org/
Uma coalizão anticapitalista, multirracial e da classe trabalhadora se organizando em prol da ação climática.

https://www.vice.com/en_us/article/8xwvq3/11-young-climate-justice-activists-you-need-to-pay-attention-to-beyond-greta-thunberg
Um artigo com perfis rápidos de alguns dos ativistas em destaque neste livro, além de outros.

NOTAS[1]

Capítulo 1: Os jovens entram em ação

On Fire, de Naomi Klein

https://www.theguardian.com/commentisfree/2019/sep/23/world-leaders-generation-climate-breakdown-greta-thunberg

https://time.com/collection-post/5584902/greta-thunberg-next-generation-leaders/

https://skepticalscience.com/animal-agriculture-meat-global-warming.htm

https://unfoundation.org/blog/post/5-things-to-know-about-greta-thunbergs-climate-lawsuit/

https://www.usatoday.com/story/news/world/2019/09/26/meet-greta-thunberg-young-climate-activists-filed-complaint-united-nations/2440431001/

https://earthjustice.org/blog/2019-september/greta-thunberg-young-people-petition-UN-human-rights-climate-change/

---

[1] Todos os links disponíveis em 29 de abril de 2020.

Capítulo 2: Os aquecedores do mundo

On Fire, de Naomi Klein

This Changes Everything, de Naomi Klein

https://www.newsweek.com/record-hit-ice-melt-antarctica-day-climate-emergency-1479326

https://www.theguardian.com/world/2019/dec/29/moscow-resorts-to-fake-snow-in-warmest-december-since-1886

https://www.theguardian.com/commentisfree/2019/dec/20/2019-has-been-a-year-of-climate-disaster-yet-still-our-leaders-procrastinate

https://www.vox.com/2019/12/30/21039298/40-celsius-australia-fires-2019-heatwave-climate-change

https://insideclimatenews.org/news/31102018/jet-stream-climate-change-study-extreme-weather-arctic-amplification-temperature

https://350.org/press-release/1-4-million-students-across-the-globe-demand-climate-action/

https://www.climate.gov/news-features/understanding-climate/climate-change-global-temperature

https://www.businessinsider.com/greenland-ice-melting-is-2070-worst-case-2019-8

https://www.ncdc.noaa.gov/news/what-paleoclimatology

https://www.giss.nasa.gov/research/features/201508_slushball

https://climate.nasa.gov/nasa_science/science/

https://nas-sites.org/americasclimatechoices/more-resources-on-climate-change/climate-change-lines-of-evidence-booklet/evidence-impacts-and-choices-figure-gallery/figure-9/

https://www.theguardian.com/environment/2019/nov/27/climate-emergency-world-may-have-crossed-tipping-points

https://www.ipcc.ch/sr15/chapter/spm/

https://insideclimatenews.org/news/19022019/arctic-bogs-permafrost-thaw-methane-climate-change-feedback-loop

https://www.climate.gov/news-features/understanding-climate/climate-change-global-sea-level

https://www.climate.gov/news-features/understanding-climate/climate-change-global-temperature

https://climateactiontracker.org/global/cat-thermometer/

https://www.ncdc.noaa.gov/sotc/global/201911

https://www.climaterealityproject.org/blog/why-15-degrees-danger-line-global-warming

https://www.reuters.com/article/us-palmoil-deforestation-study/palm-oil-to-blame-for-39-of-forest-loss-in-borneo-since-2000-study-idUSKBN1W41HD

https://oceanservice.noaa.gov/facts/acidification.html

https://www.npr.org/sections/thesalt/2018/06/19/616098095/as-carbon-dioxide-levels-rise-major-crops-are-losing-nutrients

https://climate.nasa.gov/evidence/

https://journals.ametsoc.org/doi/10.1175/BAMS-D-16-0007.1

https://earthobservatory.nasa.gov/features/GlobalWarming/page3.php

https://www.eia.gov/tools/faqs/faq.php?id=73&t=1

Capítulo 3: Clima e justiça

A doutrina do choque, de Naomi Klein

Não basta dizer não, de Naomi Klein

This Changes Everything, de Naomi Klein

"Only a Green New Deal Can Douse the Fires of Eco-Fascism" (https://theintercept.com/2019/09/16/climate-change-immigration-mass-shootings/), de Naomi Klein

https://www.greenpeace.org.uk/news/black-history-month-young-climate-activists-in-africa/

https://www.nobelprize.org/prizes/peace/2004/maathai/biographical/

https://www.bloomberg.com/graphics/2019-can-renewable-energy-power-the-world/

https://wagingnonviolence.org/2016/03/how-montanans-stopped-otter-creek-mine-coal-in-north-america/

https://theintercept.com/2019/09/16/climate-change-immigration-mass-shootings/

https://www.huffpost.com/entry/naomi-klein-climate-green-new-deal_n_5e0f66e4e4b0b2520d20b7a5

https://lareviewofbooks.org/article/against-climate-barbarism-a-conversation-with-naomi-klein/

https://theintercept.com/2019/09/16/climate-change-immigration-mass-shootings/

https://www.huffpost.com/entry/naomi-klein-climate-green-new-deal_n_5e0f66e4e4b0b2520d20b7a5

https://lareviewofbooks.org/article/against-climate-barbarism-a-conversation-with-naomi-klein/

https://www.theguardian.com/environment/2016/oct/26/oil-drilling-underway-beneath-ecuadors-yasuni-national-park

https://news.mongabay.com/2019/07/heart-of-ecuadors-yasuni-home-to-uncontacted-tribes-opens-for-oil-drilling/

Capítulo 4: Queimando o passado, preparando o futuro

This Changes Everything, de Naomi Klein

https://www.egr.msu.edu/~lira/supp/steam/wattbio.html

http://ipod-ngsta.test.nationalgeographic.org/thisday/dec4/great-smog-1952/

https://www.history.com/news/the-killer-fog-that-blanketed-london-60-years-ago

https://www.usatoday.com/story/news/world/2016/12/13/scientists-say-theyve-solved-mystery-1952-london-killer-fog/95375738/

https://theculturetrip.com/europe/united-kingdom/england/london/articles/london-fog-the-biography/

Capítulo 5: A batalha ganha forma

This Changes Everything, de Naomi Klein

On Fire, de Naomi Klein

https://www.teenvogue.com/gallery/8-young-environmentalists-working-to-save-earth

https://www.sanclementetimes.com/ground-san-clemente-high-school-environmental-club-gets-ready-new-year/

https://acespace.org/people/celeste-tinajero/

http://miamisearise.com/

https://www.scientificamerican.com/article/exxon-knew-about-climate-change-almost-40-years-ago/

https://www.theguardian.com/commentisfree/2020/jan/20/big-oil-congress-climate-change

https://thebulletin.org/2019/12/fossil-fuel-companies-claim-theyre-helping-fight-climate-change-the-reality-is-different/

https://insideclimatenews.org/content/Exxon-The-Road-Not-Taken

https://www.ucsusa.org/sites/default/files/attach/2015/07/The-Climate-Deception-Dossiers.pdf

https://www.thenation.com/article/exxon-lawsuit-climate-change/

https://www.bloomberg.com/news/articles/2019-09-12/houston-ship-channel-partially-shut-by-greepeace-protestors

https://www.greenpeace.org/usa/meet-the-brave-activists-who-shut-down-the-largest-fossil-fuel-ship-channel-in-the-us-for-18-hours/

https://www.theguardian.com/us-news/2019/nov/23/harvard-yale-football-game-protest-fossil-fuels

https://www.theguardian.com/business/2020/jan/15/harvard-law-students-protest-firm-representing-exxon-climate-lawsuit

https://www.independent.co.uk/news/uk/home-news/extinction-rebellion-shell-aberdeen-protest-climate-crisis-xr-a9286331.html

Capítulo 6: Protegendo seus lares — e o planeta

This Changes Everything, de Naomi Klein

https://www.cbc.ca/news/business/enbridge-northern-gateway-agm-1.512878

http://priceofoil.org/2016/07/01/victory-for-first-nations-in-northern-gateway-fight/

https://insideclimatenews.org/news/03052018/enbridge-fined-tar-sands-oil-pipeline-inspections-kalamazoo-michigan-dilbit-spill

https://www.cer-rec.gc.ca/sftnvrnmnt/sft/dshbrd/dshbrd-eng.html

https://www.npr.org/2018/11/29/671701019/2-years-after-standing-rock-protests-north-dakota-oil-business-is-booming

https://psmag.com/magazine/standing-rock-still-rising

https://theintercept.com/2017/05/27/leaked-documents-reveal-security-firms-counterterrorism-tactics-at-standing-rock-to-defeat-pipeline-insurgencies/

https://www.nytimes.com/interactive/2016/11/23/us/dakota-access-pipeline-protest-map.html

https://theintercept.com/2017/05/27/leaked-documents-reveal-security-firms-counterterrorism-tactics-at-standing-rock-to-defeat-pipeline-insurgencies/

https://www.phmsa.dot.gov/

https://earther.gizmodo.com/this-14-year-old-standing-rock-activist-got-a-spotlight-1823522166

https://www.billboard.com/articles/events/oscars/8231872/2018-oscars-andra-day-common-marshall-performance-activists-who-are-they

https://www.ourchildrenstrust.org/juliana-v-us

https://static1.squarespace.com/static/571d109b04426270152febe0/t/5e22508873d1bc4c30fad90d/1579307146820/Juliana+Press+Release+1-17-20.pdf

https://www.theatlantic.com/science/archive/2020/01/read-fiery-dissent-childrens-climate-case/605296/

https://time.com/5767438/climate-lawsuit-kids/

https://www.businessinsider.com/juliana-vs-united-states-kids-climate-change-case-dismissed-2020-1

http://ourislandsourhome.com.au/

https://www.theguardian.com/australia-news/2019/may/13/torres-strait-islanders-take-climate-change-complaint-to-the-united-nations

https://www.businessinsider.com/torres-strait-islanders-file-un-climate-change-complaint-against-australian-government-2019-5

Capítulo 7: Mudando o futuro

This Changes Everything, de Naomi Klein

On Fire, de Naomi Klein

The Battle for Paradise, de Naomi Klein

https://www.theguardian.com/environment/2019/apr/03/a-natural-solution-to-the-climate-disaster

https://www.globalccsinstitute.com/resources/global-status-report/

https://www.virgin.com/content/virgin-earth-challenge-0

https://www.sciencedirect.com/science/article/pii/S1876610217317174

https://blogs.ei.columbia.edu/2018/11/27/carbon-dioxide-removal-climate-change/

https://www.treehugger.com/environmental-policy/environmentalists-call-carbon-capture-and-storage-forests.html

https://www.ipcc.ch/sr15/

https://www.themanufacturer.com/articles/carbon-capture-and-storeage-takes-a-step-forward/

https://horizon-magazine.eu/article/storing-co2-underground-can-curb-carbon-emissions-it-safe.htm

https://www.nationalgeographic.com/environment/2019/07/how-to-erase-100-years-carbon-emissions-plant-trees/

https://www.bgs.ac.uk/science/CO2/home.html

https://science.sciencemag.org/content/365/6448/76

https://www.technologyreview.com/s/614025/geoengineering-experiment-harvard-creates-governance-committee-climate-change/

https://www.scientificamerican.com/article/risks-of-controversial-geoengineering-approach-may-be-overstated/

https://www.iflscience.com/environment/bill-gatesbacked-controversial-geoengineering-test-moves-forward-with-new-committee/

https://www.salon.com/2020/01/14/why-solve-climate-change-when-you-can-monetize-it/

https://www.nationalgeographic.com/environment/oceans/dead-zones/

https://www.sciencedaily.com/releases/2012/06/120606092715.htm

https://www.businessinsider.com/elon-musk-spacex-mars-plan-timeline-2018-10

https://www.popularmechanics.com/science/a30629428/rand-paul-climate-change-terraform-planets/

https://www.vice.com/en_us/article/8xwvq3/11-young-climate-justice-activists-you-need-to-pay-attention-to-beyond-greta-thunberg

https://www.umass.edu/events/workshop-student-leadership

https://solutions.thischangeseverything.org/module/rebuilding-greensburg,-kansas

https://www.usatoday.com/story/news/greenhouse/2013/04/13/greensburg-kansas/2078901/

https://www.kshs.org/kansapedia/greensburg-tornado-2007/17226

https://www.kansas.com/news/weather/tornado/article147226009.html

https://www.kwch.com/content/news/Greensburg--420842963.html

https://www.usgbc.org/articles/rebuilding-and-resiliency-leed-greensburg-kansas

Capítulo 8: Um New Deal Verde

On Fire, de Naomi Klein

This Changes Everything, de Naomi Klein

https://web.stanford.edu/class/e297c/poverty_prejudice/soc_sec/hgreat.htm

https://www.theatlantic.com/ideas/archive/2019/03/surprising-truth-about-roosevelts-new-deal/584209/

https://www2.gwu.edu/~erpapers/teachinger/glossary/nya.cfm

https://livingnewdeal.org/creators/national-youth-administration/

https://history.state.gov/milestones/1945-1952/marshall-plan

https://solutions.thischangeseverything.org/module/buen-vivir

https://www.theguardian.com/sustainable-business/blog/buen-vivir-philosophy-south-america-eduardo-gudynas

https://www.history.com/topics/great-depression/civilian-conservation-corps

Capítulo 9: Ferramentas para jovens ativistas

On Fire, de Naomi Klein

https://www.campaigncc.org/schoolresources

https://edsource.org/2019/teachers-and-students-push-for-climate-change-education-in-california/618239

https://www.scientificamerican.com/article/some-states-still-lag-in-teaching-climate-science/

https://www.studyinternational.com/news/climate-change-education-schools/

https://www.nytimes.com/2019/11/05/world/europe/italy-schools-climate-change.html

https://www.nbcnews.com/news/world/global-climate-strike-protests-expected-draw-millions-n1056231

https://www.buzzfeednews.com/article/zahrahirji/climate-strike-greta-thunberg-fridays-for-future

https://climatecommunication.yale.edu/publications/consumer-activism-global-warming/

https://www.commondreams.org/news/2020/02/03/divestment-fever-spreads-eco-radicals-goldman-sachs-downgrade-exxon-stock-sell

https://350.org/press-release/global-fossil-fuel-divestment-11t/

https://www.democracynow.org/2019/12/12/cop25_vanessa_nakate_uganda

https://www.nationalgeographic.com/news/2017/03/felix-finkbeiner-plant-for-the-planet-one-trillion-trees/

https://www.plant-for-the-planet.org/en/home

https://www.reuters.com/article/us-climate-change-un-youth/young-climate-activists-seek-step-up-from-streets-to-political-table-idUSKBN1W60OD

https://www.businessinsider.com/youngest-politicians-around-world-2019-3#senator-jordon-steele-john-elected-in-2017-at-the-age-of-22-is-currently-the-youngest-member-of-australias-parliament-he-is-also-the-first-with-a-disability

https://www.reuters.com/article/us-climate-change-un-youth/young-climate-activists-seek-step-up-from-streets-to-political-table-idUSKBN1W60OD

http://www.wansolwaranews.com/2019/08/09/law-students-push-for-urgent-advisory-opinion-as-climate-fight-gains-momentum/

http://www.sciencenewsforstudents.org/article/using-art-show-climate-change-threat

https://willamettepartnership.org/honoring-our-rivers-fledges-the-nest/

Conclusão: Você é o terceiro fogo

On Fire, de Naomi Klein

This Changes Everything, de Naomi Klein

CRÉDITOS DAS FOTOGRAFIAS

p. 12, Toby Hudson, Wikimedia, CCA-SA 3.0
p. 13, Sergio Llaguno/Dreamstime.com
pp. 24-25, Holli/Shutterstock
p. 30, Anders Hellberg, Wikimedia, CCA-SA 4.0
p. 35, Mark Lennihan/AP/Shutterstock
p. 38 (esquerda e direita), NASA
p. 44, eyecrave/iStock
p. 55 e 56, USG
p. 68, ioerror, Flickr/Wikimedia, CCA-SA 2.0
p. 89, Avi Lewis
p. 106, Danita Delimont/Alamy Stock Photo
p. 119, Alan Tunnicliffe/Shutterstock
p. 128, VectorMine/iStock
p. 131, NT Stobbs, Wikimedia, CCA-SA 2.0
p. 138, Stinger/Alamy Stock Photo
p. 156, Joe Sohm/Dreamstime.com
p. 162, Johnny Silvercloud, Wikimedia, CCA-SA 2.0
p. 172, The Interior, Wikimedia, CCA-SA 3.0
p. 175, UPI/Alamy Stock Photo
p. 179, Arindam Banerjee/Dreamstime.com
p. 185, VW Pics via AP Images
p. 204, Peabody Energy, Wikimedia, CCA-SA 4.0
p. 214, Rikitikitao/Dreamstime.com
p. 221, Casa Pueblo
p. 236, Michael Adams, Wikimedia, CCA-SA 4.0
p. 242, Franklin D. Roosevelt Library and Museum
p. 253, Sipa USA via AP Images
p. 273, Paul Wamala Ssegujja, Wikimedia, CCA-SA 4.0
p. 276, Victoria Kolbert, Wikimedia, CCA-SA 4.0
p. 281, Tania Malréchauffé/Unsplash
p. 293, Alexandros Michailidis/Shutterstock
p. 296, Edwin Hooper/Unsplash
p. 298, Alan Novelli/Alamy Stock Photo

AGRADECIMENTOS

Naomi:
Que alegria foi encontrar uma colaboradora tão dedicada e talentosa quanto Rebecca Stefoff. Sua visão e seu trabalho cuidadoso tornaram este livro possível, e ela escreveu muitos dos perfis inspiradores de jovens ativistas do clima nestas páginas. Um imenso agradecimento a Anthony Arnove por nos unir e por fazer este projeto acontecer. Alexa Pastor criou um lar maravilhoso para nós na editora e ofereceu muitas ideias editoriais úteis. Rajiv Sicora nos emprestou seu prodigioso conhecimento climático para a verificação de fatos, Jackie Joiner nos conduziu com foco e graça incansáveis e Avi Lewis é meu parceiro em todas as coisas. Este livro parte de uma década e meia de

pesquisa e redação, o que significa que não seria possível agradecer a todos os cientistas, ativistas, colegas escritores, editores, agentes e amigos que me apoiam e possibilitam meu trabalho. Em vez disso, gostaria de agradecer aos jovens leitores cuja curiosidade, moralidade e amor pela natureza trazem alegria e inspiração para a vida: Zoe, Aaron, Theo, Zev, Yoav, Zimri, Yoshi, Mika, Tillie, Levi, Nate, Eve, Arlo, Georgia, Miriam, Beatrice, Mavis, Leo, Nick, Adam e, é claro, nosso lindo menino do oceano, Toma.

Rebecca:
Sou profundamente grata a Naomi Klein e Anthony Arnove por me incluírem neste livro — e a Naomi por seu trabalho inspirador ao longo de muitos anos. Muito obrigada também às equipes da Atheneum Books for Young Readers e de todos os lugares que ajudaram a aprimorar o livro e a levá-lo ao mundo, e ao meu sempre solícito parceiro, Zachary Edmonson. Acima de tudo, sou imensuravelmente grata pela paixão dos jovens ativistas de todas as partes: aqueles que já estão trabalhando para mudar tudo e aqueles que ainda estão a caminho.

Impressão e Acabamento:
LIS GRÁFICA E EDITORA LTDA.